Oliver Röder

Analyse, Bewertung und Umsetzung geeigneter Methoden zur Realisierung virtueller und realer Szenen für die stereoskopische Darstellung mittels eines 3D-Projektorensystems

Oliver Röder

Analyse, Bewertung und Umsetzung geeigneter Methoden zur Realisierung virtueller und realer Szenen für die stereoskopische Darstellung mittels eines 3D-Projektorensystems

Bibliografische Information der Deutschen Nationalbibliothek:

Bibliografische Information der Deutschen Nationalbibliothek: Die Deutsche Bibliothek verzeichnet diese Publikation in der Deutschen Nationalbibliografie; detaillierte bibliografische Daten sind im Internet über http://dnb.d-nb.de/ abrufbar.

Dieses Werk sowie alle darin enthaltenen einzelnen Beiträge und Abbildungen sind urheberrechtlich geschützt. Jede Verwertung, die nicht ausdrücklich vom Urheberrechtsschutz zugelassen ist, bedarf der vorherigen Zustimmung des Verlages. Das gilt insbesondere für Vervielfältigungen, Bearbeitungen, Übersetzungen, Mikroverfilmungen, Auswertungen durch Datenbanken und für die Einspeicherung und Verarbeitung in elektronische Systeme. Alle Rechte, auch die des auszugsweisen Nachdrucks, der fotomechanischen Wiedergabe (einschließlich Mikrokopie) sowie der Auswertung durch Datenbanken oder ähnliche Einrichtungen, vorbehalten.

Copyright © 2005 Diplomica Verlag GmbH
Druck und Bindung: Books on Demand GmbH, Norderstedt Germany
ISBN: 978-3-8366-0099-6

http://www.diplom.de/e-book/225167/analyse-bewertung-und-umsetzung-geeigneter-methoden-zur-realisierung-virtueller

Oliver Röder

Analyse, Bewertung und Umsetzung geeigneter Methoden zur Realisierung virtueller und realer Szenen für die stereoskopische Darstellung mittels eines 3D-Projektorensystems

Diplomarbeit
Fachhochschule Fulda
Fachbereich angewandte Informatik
Dezember 2005

Diplom.de

Diplomica GmbH
Hermannstal 119k
22119 Hamburg

Fon: 040 / 655 99 20
Fax: 040 / 655 99 222

agentur@diplom.de
www.diplom.de

Oliver Röder
Analyse, Bewertung und Umsetzung geeigneter Methoden zur Realisierung virtueller und realer Szenen für die stereoskopische Darstellung mittels eines 3D-Projektorensystems

ISBN: 978-3-8366-0099-6
Druck Diplomica® GmbH, Hamburg, 2007
Zugl. Fachhochschule Fulda, Fulda, Deutschland, Diplomarbeit, 2005

Dieses Werk ist urheberrechtlich geschützt. Die dadurch begründeten Rechte, insbesondere die der Übersetzung, des Nachdrucks, des Vortrags, der Entnahme von Abbildungen und Tabellen, der Funksendung, der Mikroverfilmung oder der Vervielfältigung auf anderen Wegen und der Speicherung in Datenverarbeitungsanlagen, bleiben, auch bei nur auszugsweiser Verwertung, vorbehalten. Eine Vervielfältigung dieses Werkes oder von Teilen dieses Werkes ist auch im Einzelfall nur in den Grenzen der gesetzlichen Bestimmungen des Urheberrechtsgesetzes der Bundesrepublik Deutschland in der jeweils geltenden Fassung zulässig. Sie ist grundsätzlich vergütungspflichtig. Zuwiderhandlungen unterliegen den Strafbestimmungen des Urheberrechtes.

Die Wiedergabe von Gebrauchsnamen, Handelsnamen, Warenbezeichnungen usw. in diesem Werk berechtigt auch ohne besondere Kennzeichnung nicht zu der Annahme, dass solche Namen im Sinne der Warenzeichen- und Markenschutz-Gesetzgebung als frei zu betrachten wären und daher von jedermann benutzt werden dürften.

Die Informationen in diesem Werk wurden mit Sorgfalt erarbeitet. Dennoch können Fehler nicht vollständig ausgeschlossen werden, und die Diplomarbeiten Agentur, die Autoren oder Übersetzer übernehmen keine juristische Verantwortung oder irgendeine Haftung für evtl. verbliebene fehlerhafte Angaben und deren Folgen.

© Diplomica GmbH
http://www.diplom.de, Hamburg 2007
Printed in Germany

Oliver Röder | **Dipl.-Inf. (FH)**

22.04.1976

ledig

Herrnweg 1

36355 Grebenhain

Mobil: 0172 / 6691169

e-Mail: oliver.roeder@web.de

web: www.oliver-roeder.net

Berufliche Erfahrungen

seit 09/06	umicore AG & Co. KG 63457 Hanau-Wolfgang	Angestellter im Bereich „Electronic Packaging Materials"
01/98 – 12/02	BIEN-ZENKER AG 36381 Schlüchtern	Studentische Aushilfskraft in der EDV-Abteilung
03/98 – 08/98	BIEN-ZENKER AG 36381 Schlüchtern	EDV-Fachkraft im Bereich Benutzer-Service
08/94 - 08/96	CSS GmbH 36093 Künzell	Ausbildung zum DV-Kaufmann

Studium

Februar 06	Diplomprüfung	Akad.-Grad: Dipl.-Informatiker (FH)
09/98 - 02/06	Hochschule Fulda 36039 Fulda	Angewandte Informatik Schwerpunkt: Medieninformatik

Auslandsaufenthalt

02/03 – 07/03	Anglia Polytechnic University Chelmsford / England	Auslandsstudium

Weiterbildung

seit 11/06	VHS Fulda 36037 Fulda	Grundkurs Spanisch

Inhaltsverzeichnis

1. Einleitung.. 5
    1.1. Ausgangslage.. 5
    1.2. Zieldefinition... 5
    1.3. Abgrenzung... 6

2. Grundlagen... 8
    2.1. räumliches Sehen... 8
    2.2. Problem.. 9
    2.3. Technik... 10
    2.4. Das Scheinfenster.. 11
    2.5. Der Tiefeneindruck... 12

3. Aufnahme.. 15
    3.1 Kameras... 15
    3.2. Kameraeinstellungen... 16
    3.3. Aufbau eines Stereobildes................................... 17
    3.4. Die Scheinfensterweite... 19
    3.5. Fazit... 21

4. Bearbeitung.. 22
    4.1. Die Montage.. 22
    4.2. Fazit... 24

5. Die 3 goldenen Regeln.. 25
    5.1. Aufnahmeregel.. 25
    5.2. Rahmungsregel... 27

5.3. Wiedergaberegel 27

6. Betrachtung **29**
   6.1. ohne Hilfsmittel 29
      6.1.1. Der Parallelblick 29
      6.1.2. Der Kreuzblick 30
   6.2. mit Brillen 31
      6.2.1. Anaglyphen 31
      6.2.2. KMQ 32
      6.2.3. Polarisation 33
      6.2.4. Shuttern 35
   6.3. Fazit 36
      6.3.1 ohne Brille 36
      6.3.2. mit Brille 36

7. Die 3D-Projektoren **38**
   7.1. Intefferenzfiltertechnik 38
   7.2. Hardware 41
   7.3. Software 42

8. Umsetzung **44**
   8.1. Reale Szenen 44
   8.2. Maya 46
      8.2.1. Modellierung 47
      8.2.2. Kamera 49
      8.2.3. Positionierung 49
      8.2.4. Rendering 50
   8.3. 3D Studio Max 50
      8.3.1. Modellierung 51
      8.3.2. Kameras 52
      8.3.3. Rendering 52

8.4. Lightwave 53

    8.4.1. Modellierung 53

    8.4.2. Kameras 54

    8.4.3. Rendering 55

    8.5. Projektion 56

9. Blick in die Zukunft 59

    9.1. Neue Technologie 59

    9.2. Zukunftsaussichten 60

10. Beurteilung der Ergebnisse 62

Abkürzungen 65

Begriffserklärung 67

Literaturverzeichnis 69

Abbildungsverzeichnis 71

Tabellenvereichnis 74

    Mathematische Formeln 75

    Benutzerhandbuch 83

    Eidesstattliche Versicherung 87

    Stereobilder 88

1. Einleitung

1.1. Ausgangslage

Bei den heutigen visuellen Unterhaltungsmedien – Film, Computeranwendungen, etc. - soll dem Betrachter der Eindruck vermittelt werden, sich „mitten in Geschehen" zu befinden. Dies wird zum einen durch eine 3dimensionale Wiedergabe und zum anderen über Raumklang (Dolby Digital) erreicht. Vermindert wird dieses Erlebnis jedoch durch die Tatsache, dass die zuzeit gängigen Bildschirme und Projektoren keine wirkliche Tiefe erzeugen können. Sie zeigen lediglich ein flaches Bild, selbst wenn eine 3D-Szene dargestellt wird.

In einigen Bereichen wäre eine echte räumliche Darstellung jedoch von Vorteil. In der Architektur könnte so der Betrachter die Form und Struktur der Gebäude besser erkennen. Auch bei der Darstellung von technischen Anlagen oder Schaltungen könnten Abstände oder Abmessungen besser vermittelt werden.

Um eine räumliche Darstellung zu erreichen, können verschiedene Monitore/Projektoren mit oder ohne Brille eingesetzt werden. Damit man die bestmögliche Darstellung auf den unterschiedlichen Geräten erreicht ist die Aufnahmetechnik von großer Bedeutung. Im Wesentlichen kommt es auf die Art, Anzahl und Ausrichtung der Kameras an, sei es bei realen Aufnahmen oder bei computeranimierten Szenen.

1.2. Zieldefinition

Mit der Bearbeitung dieses Themas sollen folgende zwei Ergebnisse angestrebt werden.

Im theoretischen Teil der Arbeit steht die Analyse verschiedener stereoskopischer Aufnahmetechniken in Vordergrund. Diese sollen am Ende einer Beurteilung zugeführt und mit Berücksichtigung theoretischer und praktischer Aspekte bewertet werden.

Das zweite Ziel ist die praktische Umsetzung des im theoretischen Teil erzielten Ergebnisses. Dieses bezieht sich auf das Erstellen von Bilder und Videos mit realen Kameras, sowie das Erzeugen computeranimierter Bildern und Videos.

1.3. Abgrenzung

Zu Beginn wird in den Grundlagen auf das *stereoskopische Sehen* eingegangen und die Art des *natürlichen Sehens,* sowie die Technik zur Erzeugung von Raumbildern dargelegt.

In den folgenden Kapiteln wird ein Überblick über die unterschiedlichen *Aufnahme-* bzw. *Betrachtungstechniken* von Raumbildern gegeben. Aufgrund der hohen Anzahl von *Betrachtungstechniken* kann und soll nicht auf alle vertieft eingegangen werden. So steht im Wesentlichen das, für das eingesetzte Projektorensystem wichtige Verfahren im Vordergrund.

Die im praktischen Teil erzeugten Realbilder, Videos sowie Animationen sollen nur als Prototypen erstellt werden, da lediglich der Raumeffekt im Vordergrund steht. Die Art und der Umfang der Animationen und Bilder sind kein wesentlicher Bestandteil der Arbeit.

Der Schwerpunkt der Arbeit liegt in der Analyse der Aufnahme- bzw. Wiedergabetechniken für eine bestmögliche Ausgabe mit Hilfe eines stereoskopischen Projetorensystems.

1. Einleitung

Sämtliche Angaben und Aussagen bei der Bewertung und der Umsetzung beziehen sich auf meinen aktuellen Kenntnisstand.

2. Grundlagen

2.1. räumliches Sehen

Das *räumliche* oder auch *stereoskopische Sehen* genannt ist die natürliche Art des Sehens. Hier entsteht ein sogenannter Tiefeneindruck. Dieser ist wichtig für uns, damit wir Abstände und Abmessungen einschätzen und bestimmen können.

Wir verdanken dieses räumliche Sehen zwei Dingen, zum Ersten unseren Sehorganen, den Augen und zum Zweiten unserem Gehirn. Die Augen haben in der Regel einen Abstand von 6 – 7 cm, somit nehmen wir zwei verschiedene Bilder aus zwei geringfügig unterschiedlichen Positionen war. Aus diesen zwei Bildern setzt unser Gehirn dann ein 3dimensionales, räumliches Bild zusammen.

Nicht nur der Abstand, sonder auch die unterschiedliche Stellung (Blickwinkel) der Augen ist für den Tiefenblick entscheidend. Je nachdem wie weit das Objekt entfernt ist ändert sich die Stellung der Augen. Bei nahen Objekten ist der Blickwinkel stark nach innen verdreht. Hingegen ist bei weit entfernt Objekten die Stellung der Augachsen fast parallel. Die Änderung der Augenstellung, um einen Gegenstand scharf sehen zu können nennt man *fokussieren*. Dies geschieht automatisch und kann nur schwer beeinflusst werden. Nur im *Fokus* sehen wir scharf, der Rest des Blickfelds wirkt verschwommen. Dadurch kann unser Gehirn Distanzen berechnen und wir die „Tiefe" sehen.

Der Tiefeneindruck reicht aber nicht unbegrenzt. Ab ca. 50 – 60 Metern ist es uns nicht mehr möglich räumlich zu sehen. So können wir beispielsweise nicht mehr erkennen, ob sich ein Gegenstand vor oder hinter einem Anderen befindet. Aus Erfahrung wissen wir aber, dass kleinere Objekte hinter

2. Grundlagen

größeren liegen. Wir benutzen also Erfahrungswerte um dieses Problem zu lösen. Es gibt noch weitere Erfahrungswerte wie Schattenwurf, Verdeckungen oder Ferndunst anhand derer es uns möglich ist Distanzen und Abstände einzuschätzen.

2.2. Problem

Betrachtet man nun ein Bild auf einem Papier oder Bildschirm, geht die Tiefenwirkung verloren. Zwar kann versucht werden, mit Hilfe verschiedener Techniken eine räumliche Illusion zu erzeugen, aber letztlich bleibt es immer nur ein 2dimensionales Bild. Anfangs wurde in Zeichnungen versucht, mit vorgetäuschten Reflexionen und Schatten eine räumliche Tiefe entstehen zu lassen. Auch bestimmte Farbkompositionen können zu einer vorgetäuschten, räumlichen Tiefe beitragen. Wir verbinden beispielsweise die Farbe *rot* oder *gelb* mit *Vordergrund* die Farbe *blau* jedoch mit *Hintergrund*. Der genaue Grund für dieses Zusammenspiel ist nicht bekannt. Wahrscheinlich liegt es aber daran, dass wir mit der Farbe *blau* den „endlosen" Himmel oder das „weite" Meer verbinden.

Durch all diese unterschiedlichen Techniken kann man versuchen im Bild eine Perspektive entstehen zu lassen. Perspektive bedeutet eine Projektion von einem 3dimensionalen Raum auf eine 2dimensionale Fläche[1].

Jedoch können diese Bilder - so gut sie auch gestaltet sein mögen - niemals richtige räumliche Tiefe erzeugen. Um dies zu erreichen, muss eine bestimmte Technik angewendet werden.

---
1 vergl. [Kuhn 1999]

2.3. Technik

Der Mensch hat zwei nebeneinander liegende Augen[2], somit benötigt man zwei Bilder, um ein künstliches Raumbild zu erzeugen. Diese beiden Bilder, auch *stereoskopische Halbbilder* genannt, zeigen zwar die gleiche Szene, sind aber aus geringfügig unterschiedlichen Blickwinkeln aufgenommen. Ein solches, aus zwei Bildern zusammengestelltes Bild, wird in der Stereoskopie als Doppelbild bezeichnet (Abb. 2-1).

Abb. 2-1: Doppelbild

Um eine 3dimensionale Tiefenwirkung entstehen zu lassen, darf jedes Auge nur ein Bild sehen. Somit müssen die Halbbilder den Augen getrennt präsentiert werden. Wenn nun jedes Auge nur das ihm zustehende Bild sieht, kann unser Gehirn aus diesen beiden Bildern ein räumliches Bild zusammensetzen. Wichtig ist die exakte Trennung der stereoskopischen Halbbilder. Man erreicht diese auf unterschiedliche Art und Weise, je nachdem auf welchem Medium das Doppelbild präsentiert wird.

---

2 vergl. [Internetlink b]

2. Grundlagen

Stereoskopische Halbbilder können beispielsweise mittels eines Stereogramms auf Papier gedruckt, oder in der Raumprojektion auf eine große Leinwand projiziert werden.

Nicht nur die Wiedergabe, sondern auch die korrekte Aufnahme ist für ein gutes Raumbild entscheidend. Sind die Halbbilder nicht richtig aufgenommen worden, kann es dazu führen, daß der Betrachter nur ein vermischtes und verschwommenes Bild sieht. Man sollte also bei der Aufnahme auf einige Aspekte, wie Kameraabstand, Kameraposition, Blickwinkel, etc. achten.

2.4. Das Scheinfenster

Betrachtet man ein Raumbild, so erscheint es, als würde man durch ein Fenster schauen. Dieses imaginäre Fenster wird in der Stereoskopie *Scheinfenster* genannt. Es teilt das Stereobild in Mittel und Hintergrund, die hinter dem Scheinfenster gesehen werden und Vordergrund, der vor dem Scheinfenster liegt. Bei der Projektion wird dieser „vor" der Leinwand gesehen.

Schon bei der Aufnahme entscheidet sich, was später bei der Betrachtung hinter, auf oder sogar vor der Leinwand wahrgenommen wird. Aus diesem Grund muss noch vor der Aufnahme der Abstand zwischen Kamera und Scheinfenster berechnet werden. Die Position des Scheinfensters lässt sich durch die Faktoren wie Kameraabstand, Brennweite des Objektivs und den Positionen der Objekte in der Szene bestimmen

Es ist aber auch möglich die Bilder durch eine spätere Nachbearbeitung noch zu verändern. So kann das ganze Raumbild nach Vorne oder Hinten verschoben werden, oder der komplette Tiefeneindruck kann verstärkt bzw. gemindert werden.

2.5. Der Tiefeneindruck

Um ein naturgetreues Raumbild zu erzeugen, muss die Tiefe des Bildes so exakt wie möglich wiedergegeben werden. Dies bedeutet, es dürfen im Bild keine Stauchungen oder Dehnungen vorkommen. Um solche Fehler zu vermeiden, muss auf verschiedene Faktoren bei der Aufnahme und Wiedergabe geachtet werden.

Zum einen spielt der Abstand der Kameras zu den Objekten der Szene eine entscheidende Rolle. Ein betrachteter Gegenstand wird mit zunehmender Entfernung immer kleiner und die Tiefenwirkung nimmt ab. Jedoch verringert sich die Tiefe des Objekts schneller als die Größe. Genauer gesagt, mit dem Quadrat der Größe. Dies ist bei der Wahl der Kameraposition zu beachten. Weiterhin muss berücksichtigt werden, dass der Tiefeneindruck nur bis zu einer Entfernung von 50 – 60 m reicht. Ab dieser Weite ist es für uns nicht mehr möglich räumlich zu sehen.

Das Verhältnis von Größe zu Tiefe, die *plastische Wirkung*, ist daher nicht immer gleich. Sie ändert sich mit der Verschiebung der Kameraposition. Die plastische Wirkung ist aber ein entscheidender Aspekt bei der späteren Präsentation des Raumbildes. Damit ein Gegenstand naturgetreu wiedergeben werden kann, muss das Verhältnis von Größe zu Tiefe gleich sein. Um dies zu erreichen kann die plastische Wirkung mit Hilfe von Formeln aus den Gebieten der Geometrie und Algebra berechnet werden[3].

Ist die *plastische Wirkung* PW = 1, so ist das Verhältnis von Größe zu Tiefe im Raumbild gleich dem im Original in der Wirklichkeit.

Folgende Faktoren sind für ein naturgetreues Raumbild entscheidend:

---

[3] siehe Anhang A) Gl. (8) – Gl. (9)

2. Grundlagen

In der Aufnahme

- Kameraabstand zum Objekt
- Stereobasis[4]
- Scheinfensterweite
- Brennweite des Objektives

In der Präsentation

- Entfernung des Betrachters zur Leinwand
- maximalen parallaktischen *Verschiebung*[5]
- Vergößerungsmaßstab (Größe der Leinwand)

Bei der Präsentation spielt der Abstand von Betrachter zur Leinwand die wichtigste Rolle. Je weiter man sich von der Projektionsleinwand entfernt desto kleiner werden die Objekte. Jedoch wird die Tiefenwirkung mit zunehmender Entfernung größer. Durch die größere plastische Wirkung werden die Objekte, die sich vor und hinter dem Scheinfenster befinden nicht mehr im naturgetreuen Verhältnis von Größe zu Tiefe wiedergegeben. Einzig die Objekte, die auf dem Scheinfenster liegen erscheinen im natürlichen Verhältnis und haben somit die korrekte plastische Wirkung. Eine genaue Formel zur Berechnung des optimalen Abstands von Betrachter zu Leinwand befindet sich im Anhang A) unter Gl. (8) und Gl. (9)

Tab. 2-1 : Einfluss des Abstands a eines Betrachters zur Leinwand auf die plastische Wirkung

s = 10 cm; f = 50 mm; S = 400 cm

a [cm]	100	150	200	250	300	350	400	500	600	800	1000
PW	0,4	0,6	0,8	**1,0**	1,2	1,4	1,6	2,0	2,4	3,2	4,0

---

4 siehe Kapitel 3. Aufnahme
5 siehe Kapitel 4.1. Die Montage

2.5. Geschichte der Stereoskopie

Als Mitte des 19ten Jahrhunderts die Fotografie erfunden wurde entstand auch kurz danach die Stereoskopie. So wurde damals die Aufnahme und Betrachtung von Raumbildern genannt. Sie ist somit älter als der Stereoton. Es stellt sich die Frage, warum der Stereoton eine so große Verbreitung erlangt hat, während viele Menschen den Begriff „Raumbild" nicht einmal kennen.

Dies hängt vor allem an dem hohen Aufwand bei der Aufnahme und der späteren Präsentation der Bilder. So braucht man für die Betrachtung der Bilder meist optische Hilfsmittel. Weiterhin kommt hinzu, dass spezielle Stereokameras entweder sehr teuer oder sehr schwer zu beschaffen sind.

Immerhin findet die Stereoskopie in der Computeranimation und der „Virtual Reality", bei denen die Aufnahme nicht teuer und aufwendig ist, ihren Einsatz. Aber auch das Interesse an 3D-Kinos (IMAX-Kinos) steigt weiter.

3. Aufnahme

3.1 Kameras

Grundlegend kann man sagen, dass die wichtigste Einstellung der seitliche Abstand der beiden Halbbilder ist. Dieser beträgt in der Regel 6 – 7 cm. Er muss aber bei einigen Aufnahmen vergrößert oder verkleinert werden, um einen guten Tiefeneindruck zu bekommen. In der Höhe sowie in der Entfernung zum Motiv darf es keinen Unterschied zwischen den beiden Aufnahmen geben. Zwingend notwendig ist, dass die Bilder aus einer parallelen Position aufgenommen werden. Werden diese Einstellungen nicht beachtet, kann aus den beiden Halbbildern kein richtiges Raumbild mit einem guten Tiefeneindruck erstellt werden.

Es kommen oft spezielle Stereokameras zum Einsatz, damit diese Einstellungen der Position eingehalten werden. Hierbei handelt es sich um Kameras mit zwei Objektiven im Abstand von 6 -7 cm. Da die Objektive fest miteinander verbunden sind, können viele der oben genannten Einstellungen ohne Probleme eingehalten werden. Bei den meisten 3D-Kameras wird über die beiden Objektive nur ein Film belichtet, auf dem die Halbbilder direkt nebeneinander angeordnet sind. Anders dazu funktionieren die IMAX-Kameras. Diese speziellen Kameras arbeiteten im Zweibandverfahren mit zwei Negativ-Filmstreifen. Man erhält hier die beiden Halbbilder auf zwei getrennten Bildträgern.

Eine Stereokamera ist aber nicht immer zwingend notwendig. Vor allem, da die Anschaffung einer solchen 3D-Kamera sehr teuer ist. In den meisten Fällen genügt es zwei identische Kameras zur Aufnahme stereoskopischer Bilder zu benutzen. Sie können auf einer Schiene im richtigen Abstand montiert werden. Sind die Kameras im Blickwinkel parallel zueinander ausgerichtet und in der Höhe nicht unterschiedlich, so erzielt man fast das gleiche Ergebnis wie mit einer teuren 3D-Kamera. Zu beachten ist lediglich, daß es sich um identische Kameras handelt. Ist dies nicht der Fall, entstehen unterschiedliche Bilder, die nicht zu einem Raumbild zusammengefügt werden können.

Die Aufnahme kann weiter vereinfacht werden, indem man nur eine Kamera benutzt. In diesem Fall wird zuerst das linke Bild aufgenommen. Danach verschiebt man die Kamera um den gewünschten Abstand nach rechts und macht die zweite Aufnahme. Es ist leicht zu erkennen, dass es bei dieser Methode schnell zu Fehlern kommen kann. Diese entstehen durch die Veränderung der Kameraposition. Wird die Kamera von links nach rechts bewegt, so kann es zu Unterschieden in der Höhe, Neigung oder Rotation kommen, die sich störend auf das Stereobild auswirken. Daher sollte ein spezielles Stativ, auf dem eine Vorrichtung zum Verschieben der Kamera angebracht ist, benutzt werden. Ein solches Stativ mit passender Schiebevorrichtung muss allerdings selbst angefertigt werden, ist aber bei der Aufnahme mit nur einer Kamera zwingend notwendig.

3.2. Kameraeinstellungen

Die richtigen Kameraeinstellungen zählen zu den Grundlagen für einen guten Tiefeneindruck. Durch Änderung bestimmter Einstellungen und der Positionen der Kameras kann dieser sogar noch verbessert werden. Dies gilt für reale Bilder sowie computergenerierte Szenen.

So wird durch eine nach oben oder unten geneigte Kamera die räumliche Wahrnehmung erhöht. Eine weitere Steigerung erreicht man durch die Nutzung eines Weitwinkelobjektivs.

Hingegen verringern eine waagrechte Kameraposition und eine große

Entfernung zum Motiv die Tiefenwirkung. Das Gleiche geschieht mit einer langen Brennweite. Hier schrumpfen die Entfernungen und durch die fehlende Größenminderung „verflacht" das Bild[6].

Die oben genannten Einstellungen sollten jedoch nur bis zu einem gewissen Grad vorgenommen werden. Eine übertriebene Anwendung kann bei einigen Motiven oder ganzen Szenen zu Unschärfe und Verzerrungen führen. Diese mindern die Tiefenwirkung bei der späteren Präsentation. Somit ist bei diesen Bildern eine naturgetreue Wiedergabe nicht mehr möglich. Im schlimmsten Fall entsteht erst gar kein Raumeindruck. Wird beispielsweise ein Weitwinkelobjektiv, das weit in die Szene hineinführt, benutzt, so können solche Verzerrungen oder Unschärfen am Rand der Halbbilder entstehen.

Bei Animationen oder computergenerierten Szenen empfinden wir die Nomalbrennweite am angenehmsten[7]. Sie entspricht unserem natürlichen Sehfeld. Ein weiterer Vorteil ist, dass bei Bildern, die mit der Normalbrennweite aufgenommen werden, keine Verzerrungen entstehen. Daher sollte sie bei Computeranimationen ihren Einsatz finden.

3.3. Aufbau eines Stereobildes

Das Stereobild gliedert sich in verschiedene *Motivpunkte* und unterschiedliche Bereiche. Der wichtigste Punkt bei der Aufnahme ist der Standort der Kameras, die *Basis*. Ausgehend von ihr werden alle anderen Motivpunkte benannt.

---

[6] vergl. [Häßler 1996]
[7] vergl. [Häßler 1996]

3. Aufnahme

Der Punkt, der sich am dichtesten vor der Kamera befindet wird *Nahpunkt* und der am entferntesten *Fernpunkt* genannt. Zwischen Nah- und Fernpunkt befindet sich der *Motivraum*. Er beinhaltet alle Objekte der Szene und ist somit der komplette 3D-Raum.

Der entscheidende Faktor für ein gutes Raumbild ist der Abstand zwischen den Kameras die so genannte *Stereobasis* (Basis). In den meisten Fällen hat sie den Standardwert von 6 – 7 cm. Es ist in bestimmten Situationen aber sinnvoll sie zu vergrößern bzw. zu verkleinern. Das Entscheidende hierbei sind die Distanzen zwischen den Motivpunkten. Liegt der Fernpunkt in großer Entfernung zur Kamera, so kann bei einem Standardabstand der Fernpunkt nicht mehr räumlich wahrgenommen werden. Hier ist es notwendig, die Stereobasis zu vergrößern um eine Tiefenwirkung zu erzielen. Die Änderung des Abstands ist aber nicht unbegrenzt möglich. Es müssen bei der Aufnahme alle Motivpunkte berücksichtigt werden. Befindet sich z.b. der Nahpunkt bei 1 Meter und der Fernpunkt bei 500 Metern, so kann die Stereobasis nicht beliebig vergrößert werden. Wird hier eine große Basis gewählt, so erscheint der Fernpunkt 3dimensional. Bei dem Objekt im Nahbereich jedoch ist der Abstand in den beiden Halbbildern so groß, daß unser Gehirn daraus kein Raumbild erzeugen kann. Wir sehen hier zwei Objekte ohne Tiefe und der Raumeindruck geht verloren.

Das Gleiche gilt bei der Aufnahme von kleinen Objekten. Um sie aufnehmen zu können, muss die Kamera nah am Objekt positioniert werden. Hier ist der Motivraum gering und bei einem Kameraabstand von 6 cm ist die Differenz der beiden Halbbilder zu groß. Somit kann auch hier kein Raumbild gesehen werden. Daher muss die Basis angepasst und der Abstand der Kameras verringert werden.

3.4. Die Scheinfensterweite

Die Scheinfensterweite ist die Entfernung zwischen Kamera und einer imaginären Fläche (Scheinfenster), die später auf der Projektionsleinwand erscheinen wird. Um ein gutes Raumbild zu erhalten ist es wichtig, die Scheinfensterweite für die Kamera zu kennen. Sie hängt von der Stereobasis s und der Brennweite f der Kamera ab. Zur Berechnung der Scheinfensterweite S existieren grundlegende Formeln aus den Bereichen Geometrie und Optik. Da aber keine hohe Genauigkeit erforderlich ist, kann sie in vereinfachter Form verwendet werden.[8]

$$s = S * f$$

Die folgende Tabelle enthält einige wichtige Scheinfensterweiten

Tab. 3-1: Scheinfensterweite SW [m] bei Stereoaufnahmen

B [mm]	Stereobasis [cm]					
	2	4	6	6,5	7	10
28	0,56	1,12	1,68	1,82	1,96	2,80
35	0,70	1,40	2,10	2,28	2,45	3,50
40	0,80	1,60	2,40	2,60	2,80	4,00
50	1,00	2,00	3,00	3,25	3,50	5,00
70	1,40	2,80	4,20	4,55	4,90	7,00

---

8 Siehe A) Formel, Gl.(1) – Gl. (1b)

3. Aufnahme

Nach der Berechnung der Scheinfensterweite kann jetzt die Kameraposition festgelegt werden. Hier entscheidet sich, was bei der späteren Projektion auf bzw. hinter der Leinwand wahrgenommen wird. Ebenfalls können einige Objekte vor die Leinwand geholt werden. Dabei ist aber darauf zu achten, daß dies nur bei freien Objekten geschehen sollte.[9]

Die Scheinfensterweite ist auch ein wichtiger Aspekt bei der Bestimmung der plastischen Wirkung *PW*. Soll ein Objekt naturgetreu präsentiert werden, so muss es sich bei der Aufnahme auf dem Scheinfenster befinden. Nur so kann sichergestellt werden, dass das Verhältnis von Größe zu Tiefe dem des Originals entspricht. Denn hier ist PW = 1[10].

Tab. 3-2: Einfluss der Scheinfensterweite SW auf die plastische Wirkung PW
Gegenstandsweite g = 400 cm

S [cm]	2	4	6,3	10	100
SW [cm]	80	160	250	400	4000
PW	0,3	0,6	0,9	1,4	14

Die genaue Formel für die Berechnung der plastischen Wirkung findet sich im Anhang A) mathematische Formeln. Ihre Herleitung kann im Buch „Stereofotografie und Raumbildprojektion"[11] von Gerhard Kuhn nachgelesen werden.

Es soll hier darauf hingewiesen werden, daß die plastische Wirkung ein entscheidender Faktor bei der Aufnahme sowie der Präsentation darstellt.

---

9 Siehe Kapitel 5.2. Die Rahmungsregel
10 siehe Anang A) Gl. (8) – Gl. (9)
11 vergl. [Kuhn 1999]

3.5. Fazit

Für eine gute Aufnahme sollte zu Beginn das Motiv genau betrachtet werden. Dabei ist besonders auf die Komposition des Motivraums zu achten. Das Wichtigste hierbei sind die Abstände der Motivpunkte untereinander, um die richtige Basis bestimmen zu können. Als Regel kann man sagen, großer Motivraum großer Abstand, kleiner Motivraum geringer Abstand. Hier zeigt sich der Nachteil der Stereokameras. Bei vielen kann der Abstand der Objektive nicht verändert werden. So können große Motivräume nicht oder nur schlecht aufgenommen werden. Dies ist auch bei der Nutzung von zwei Kameras der Fall. Da das Objektiv sich in der Mitte der Kamera befindet, können die Objektive nur bis auf einen bestimmten Abstand zusammengeschoben werden. Hier zeigt sich der Vorteil der Verschiebetechnik. Denn mit ihr ist es möglich, auch Bilder mit einer Stereobasis im Millimeterbereich aufnehmen zu können.

Weiterhin sollte vor der Aufnahme die Scheinfensterweite berechnet werden. So kann vermieden werden, daß die Kamera sich zu dicht an einigen Objekten befindet und so im schlimmsten Fall kein Raumeindruck entsteht.

Mit den Kameraeinstellungen sollte vorsichtig umgegangen werden, da es schnell zu Verzerrungen kommen kann, und das Bild somit unecht wirkt. Dies ist bei Computeranimationen nicht so sehr der Fall. Hier können Objekte schnell verschoben oder in der Größe verändert werden, um somit diese Verzerrungen verschwinden zu lassen.

In beiden Gebieten, Fotografie oder Animation, bietet es sich an mit einer Normalbrennweite zu arbeiten. Dies ist am einfachsten und bietet realistische Bilder.

4. Bearbeitung

4.1. Die Montage

Sind nun beide Halbbilder aufgenommen bzw. erstellt worden, können sie noch bearbeitet und zu einer guten *Montage* zusammengefügt werden. Unter Montage versteht man die horizontale und vertikale Position der beiden Halbbilder. Erst die Montage macht aus zwei Teilbildern ein Stereobild und sie ist entscheidend für den späteren Raumbildeindruck. Ist das Stereobild „richtig" montiert, entsteht für den Betrachter ein gutes Stereobild mit einem angenehmen Raumeindruck.

Es darf in einem Stereobild keinen vertikalen Versatz geben. Aus dieem Grund müssen zu Beginn der Bearbeitung eventuelle Höhen- oder Rotationsfehler der Teilbilder beseitigt werden. Dies bedeutet, alle Bildpunkte müssen auf gleiche Höhe gebracht werden, da sonst kein Tiefeneindruck entsteht. Wenn möglich sollten solche Höhen- bzw. Rotationsfehler schon bei der Aufnahme vermieden werden.

Im Gegensatz zum vertikalen Versatz ist die horizontale Verschiebung sehr wichtig für ein gutes Raumbild. Sie entscheidet darüber, ob ein Objekt „vor" oder „hinter" dem Scheinfenster wahrgenommen wird. Diese vertikale Verschiebung von zusammengehörenden Bildpunkten der beiden Halbbilder wird *parallaktische Verschiebung* oder auch *Diviatation*.

Vor der Montage werden beide Halbbilder übereinander gelegt. Hier erkennt man die parallaktische Verschiebung der Teilbilder. Es ist weiterhin erkennbar, dass die Verschiebung nicht immer gleich ist. Im Vordergrund ist sie stärker als im Hintergrund (siehe Abb. 4-1).

4. Bearbeitung

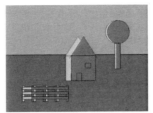

Abb. 4-1: Halbbilder ohne Deckung

Werden die Bilder dem Betrachter nun ohne Montage präsentiert, nimmt er alle Objekte der Stereobilds (Zaun, Haus, Baum) „hinter" dem Scheinfenster war.

Um aber Gegenstände „auf" oder „vor" die Leinwand zu bringen, müssen die Halbbilder richtig *montiert* werden.

Die beiden folgenden Abbildungen sollen das Prinzip der Montage verdeutlichen.

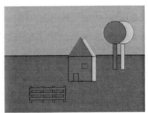 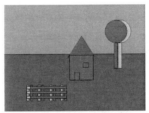

Abb. 4-3: Bilderdeckung über dem Zaun   *Abb. 4-3: Bilderdeckung über dem Haus*

4. Bearbeitung

Möchte man ein Objekt „auf" dem Scheinfenster zeigen, so muss dieses deckungsgleich justiert werden. Im obigen Beispiel (siehe Abb. 4-2) liegt der Zaun übereinander. Er erscheint somit „auf" dem Scheinfenster. Die beiden Anderen dahinter.

Eine andere Situation ensteht, wenn das Haus deckungsgleich montiert wird (siehe Abb. 4-3). Dies bewirkt, daß das Haus wie auf der Leinwand liegend wirkt. Der Zaun scheint vor der Leinwand zu schweben.[12] Hier ist aber darauf zu achten, daß das Objekt vollständig abgebildet ist. Es darf den Rand des Bildes nicht berühren, da es sonst nicht korrekt gesehen werden kann.

4.2. Fazit

Durch die Bearbeitung – Montage – der Bilder kann der Raumeindruck verbessert oder verändert werden. Es können Objekte nach vorne oder nach hinten verschoben werden. Weiterhin kann die komplette Tiefenwirkung verstärkt oder gemindert werden.

Dies sind die Gründe dafür, dass bei der Montage sehr sensibel vorgegangen werden muss, da durch die geringsten Fehler der komplette Raumeindruck verloren gehen kann. Aber selbst wenn dieser nicht verloren geht, können dennoch andere Fehler entstehen. So ist bei der Bearbeitung darauf zu achten, dass nur freie Objekte – also Objekte die keinen Kontakt zum Bildrand haben – vor die Leinwand geholt werden können.

---

12 verg. [Internetlink f]

5. Die 3 goldenen Regeln

Die 3 goldenen Regeln wurden von Gerhard P. Herbig formuliert. Sie finden als Richtlinien Einfluss in den *DSG-Qualitätsstandard für die Kleinbild-Stereodiaprojektion*.[13]

Wie in Kapitel 4 beschrieben wurde, müssen vor Beginn der Montage beide Halbbilder übereinander gelegt werden. Danach können Rotations- und Höhenfehler bereinigt werden. Sind jetzt die Teilbilder deckungsgleich übereinander gebracht worden, erkennt man auch den seitlichen Versatz der beiden Bilder. Dieser wird bei der Montage entweder vergrößert oder verkleinert, um die Objekte vor oder hinter der Leinwand erscheinen zu lassen. Dieser Versatz darf aber bestimmte Grenzwerte nicht überschreiten, da es sonst zu Bildfehlern kommt. Besitzt ein Bild solche Fehler, dann ist entweder die Betrachtung sehr anstrengend und kann zu Kopfschmerzen führen oder es ensteht erst gar kein Raumeindruck.

Bildfehler werden oft auch Seitenfehler genannt. Um sie zu vermeiden sollten folgende, von Gerhard P. Herbig formulierte Regeln eingehalten werden.

5.1. Aufnahmeregel

Die Aufnahmeregel lautet:

„Die Tiefeninformation in einem Stereobild darf bestimmte Grenzen nicht überschreiten! „

---

13 vergl. [DGS 2002]

5. Die 3 goldenen Regeln

Der seitliche Versatz in den beiden Halbbildern ist nicht überall gleich. Er ist für den Nahpunkt größer als für den Fernpunkt. Die Differenz zwischen diesen beiden Abständen wird Deviation genannt. Sie sollte 1/30 der gesamten Bildbreite nicht überschreiten.[14]

Dies bedeutet, daß der Nahpunkt einen gewissen Mindestabstand zur Basis haben muss. Ansonsten wird der Grenzwert von 1/30 der Bildbreite überschritten und im Bild entstehen Seitenfehler. Um diesen Abstand zu bestimmen, bietet sich folgende Formel an.

Nahpunkt > Stereobasis * Brennweite   (alle Werte in mm)

Tab. 6-1: Nahpunktweiten bei der Stereoaufnahme

Stereobasis [mm]	Brennweite [mm]	Nahpunktweite [m]
60	35	> 2,10
60	40	> 2,40
60	50	> 3,00
60	70	> 4,20
65	35	> 2,30
65	40	> 2,60
65	50	> 3,25
65	70	> 4,55
70	35	> 2,45
70	40	> 2,80
70	50	> 3,50
70	70	> 4,90

---

14 vergl. [Internetlink h]

5.2. Rahmungsregel

Die Rahmungsregel lautet:

„Kein Teil des Raumbildes darf vom Fenster des Rahmens angeschnitten werden!"

In den meisten Fällen wird das Raumbild hinter der Leinwand wahrgenommen. Durch eine richtige Montage der zwei Teilbilder können einzelne Objekte vor die Leinwand geholt werden. Hier ist darauf zu achten, daß dies nur mit freien Objekten geschehen sollte. Versucht man es mit einem Objekt, das den Rand berührt, scheint es sich in der Mitte des Bildes vor dem Scheinfenster zu befinden. Am Rand wird es aber auf der Leinwand wahrgenommen. Man erkennt, daß bei Nichteinhaltung dieser Regel die Tiefenwirkung nicht verloren geht, jedoch ein optischer Fehler im Bild ensteht.

5.3. Wiedergaberegel

Die Wiedergaberegel lautet:

„Der Betrachter eines Stereobildes darf nicht zu divergenter Augenstellung gezwungen werden!"

Es gibt nur zwei natürliche Augenstellungen. Zum einen die parallele Stellung, beim Blick in die Ferne. Und zum anderen eine Stellung, die auf einen Punkt im Raum fixiert ist. Eine Stellung bei der die Augachsen auseinander laufen gibt es nicht. Zwingt man den Betrachter eines Raumbilds jedoch zu so einer *divergenten* Augenstellung, so sind nach kurzer Betrachtung Kopfschmerzen die Folge.

Zu einer solchen divergenten Augenstellung kann es kommen, wenn der

5. Die 3 goldenen Regeln

seitliche Versatz in den beiden Halbbildern zu groß ist. Dieser entsteht, wenn versucht wird ein Objekt zu weit vor die Leinwand zu holen.

Die Wiedergaberegel ist leicht einzuhalten, wenn die anderen beiden Regeln richtig beachtet wurden.

6. Betrachtung

Um aus den beiden Halbbildern nun ein Raumbild mit Tiefenwirkung zu erzeugen, müssen sie dem Betrachter getrennt präsentiert werden. Dabei ist dafür zu sorgen, dass jedes Auge nur das ihm zustehende Bild zu sehen bekommt.

Hierfür stehen mehrere Möglichkeiten zur Verfügung, je nachdem mit welchem Medium das Stereobild wiedergegeben wird. Es gibt Techniken, bei denen keine Hilfsmittel benötigt werden. In den meisten Fällen jedoch werden die Bilder dem Betrachter mit Hilfe bestimmter Brillentechniken präsentiert.

6.1. ohne Hilfsmittel

6.1.1. Der Parallelblick

Der Parallelblick wird oft auch als *entspanntes Hindurchschauen* bezeichnet, da man versucht einen gedachten Punkt hinter dem Bild zu betrachten.

Die Augachsen müssen hierfür eine fast parallele Stellung einnehmen, damit jedes Auge auf den Bildmittelpunkt des zugehörigen Teilbildes gerichtet ist. Nach kurzer Zeit verschwimmen die beiden Bilder und zwischen ihnen erscheint das gewünschte Raumbild. Erst nur schemenhaft, aber durch Konzentration dann immer schärfer.

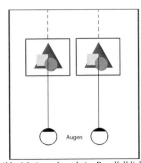

Abb. 6.1: Augachsen beim Parallelblick

6. Betrachtung

Da die Augen jedoch gleichzeitig auch das daneben liegende „falsche" Bild sehen, werden sie irritiert und ein stabiles Raumbild lässt sich nur durch genug Übung einstellen.

Weiterhin ist bei dieser Methode die Größe der Bilder begrenzt. Ab einer gewissen Bildgröße können die Mittelpunkte nicht mehr durch eine Parallelstellung betrachtet werden. Die Augachsen müssten hierfür auseinander gehen. Eine solche Stellung der Augen wird *divergentes Sehen* genannt und sollte vermieden werden, da sie unangenehm für den Betrachter ist.

6.1.2. Der Kreuzblick

Beim Kreuzblick werden die Augachsen gekreuzt, um einen Raumeffekt zu erzielen. Es ist also im eigentlichen Sinne ein absichtliches Schielen.

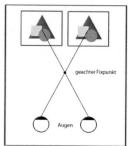
Abb. 6-2: Augachsen beim Kreuzblick

Die beiden Halbbilder sind bei dieser Methode direkt nebeneinander angeordnet. Beim Betrachten wird ein imaginärer Punkt, der sich vor dem Bild befindet fokussiert. Nach einiger Zeit entsteht zwischen den beiden Halbbildern dann ein virtuelles Bild mit dem gewünschten Tiefeneindruck.

Dies bedarf einer gewissen Übung, da durch die Verlagerung des Schärfepunktes das Bild zu Beginn verschwommen wirkt. Zur Vereinfachung kann ein Bleistift oder eine Nadel benutzt werden. Diese wird als Hilfsmittel in die Mitte zwischen Bild und Augen gebracht und fixiert betrachtet. Danach muss dem Gehirn signalisiert werden, daß das Verschwommene, was wir im Hintergrund sehen, in Ordnung ist und der Raumeindruck stellt sich ein.

Anders als beim Parallelblick ist hier die Größe der Bilder nicht begrenzt. Dies begründet sich in der Tatsache, dass es hier nicht zu divergentem Sehen kommen kann. Somit stößt man an keine physikalisch bedingten Grenzen.

6.2. mit Brillen

6.2.1. Anaglyphen

Dieses Verfahren wurde von Wilhelm Rollmann 1853 entwickelt und ist somit das älteste Verfahren zur Tiefenbetrachtung stereoskopischer Bilder. Er veröffentlichte es in seiner Arbeit mit dem Titel „Zwei neue stereoskopische Methoden" und stellte es darin vor. Anfangs wurde es in mathematischen Lehrbüchern verwendet, zur Veranschaulichung der Stereometrie und Trigonometrie.[15]

Bei der Anaglyphen-Technik kommen so genannte Farbfilter, die bestimmtes Licht nicht durchlassen, zum Einsatz. Dieses Verfahren stürzt sich auf die Tatsache, dass sich die Komplementärfarben gegenseitig sperren. So erscheint eine rote Fläche, durch ein grünes Glas betrachtet, schwarz und umgekehrt. Das Gleiche geschieht in der Kombination blau / gelb.

Abb. 6-3: Anaglyphenbrille (rot/cyan)

Jedes Halbbild wird mit einem Farbfilter belegt. Dies bedeutet, dass es mit einer Komplementärfarbe bearbeitet wird. Das linke Bild wird mit Rot und das rechte mit Cyan (bzw. Blau oder Grün) eingefärbt. Danach werden die

15 vergl. [Internetlink B]

6. Betrachtung

beiden, mit dem Farbfilter bearbeiteten Bilder überlagert dargestellt. Betrachtet man das Bild nun durch die entsprechende Brille (rot/blau bzw. rot/grün) wird jeweils das „falsche" Bild gesperrt. Somit sieht das rechte Auge nur das für rechts und das linke Auge das für links bestimmte Bild und die beiden Bilder verschmelzen zu einem Raumbild.

Der größte Nachteil liegt in der Bearbeitung der Halbbilder. Erst werden sie mit den Farbfiltern belegt d.h., mit einer Komplementärfarbe eingefärbt und danach mit einer Farbfilterbrille betrachtet. Das führt dazu, dass die Bilder bei der Betrachtung nur schwarz/weiß wirken. Man hat hier also einen erheblichen Farbenverlust. Daher ist diese Methode für Bilder, bei denen die Farben sehr bedeutend sind, nicht geeignet

6.2.2. KMQ

Dieses Verfahren wurde schon Anfang der 80er Jahre entwickelt, und ist nach seinen Entwicklern: Dr. Christoph **K**oschnitzke, Rainer **M**ehnert, Dr. Peter **Q**uick benannt.

Die Halbbilder sind hier übereinander angeordnet und werden mit einer speziellen Prismenbrille betrachtet. Die Prismen sind um 180° gegenläufig angeordnet (siehe Abb.: 6-4). Dadurch korrigieren sie den Sehweg und lenken den Blick des rechten Auges nach unten, bzw. den des linken Auges nach oben. Die beiden Halbbilder stehen somit den Augen wieder nebeneinander zur Verfügung.

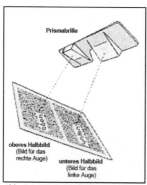

Abb. 6-4: KMQ-Methode

Dieses Verfahren besticht durch den Vorteil, dass weder ein Farben- noch Lichtverlust entsteht, da keine Filter verwendet werden, wie es bei der Anaglyphenmethode der Fall ist. Weiterhin können die Bilder eine fast unbeschränkte Größe haben. Daher kommen hier besonders Panoramamotive gut zur Geltung.

Die Nachteile hingegen liegen darin, dass sie nur von einem gewissen Punkt betrachtet werden können. Dies bedeutet, dass sich der Betrachter nur direkt in der Mitte des Bildes befinden darf. Hinzu kommt, dass die Brille horizontal zum Bild ausgerichtet sein muss. Auch gibt es einen vordefinierten Augenabstand, der von der Größe der Bilder abhängig ist. Aus diesen Gründen kann das Raumbild nur einer geringen Anzahl von Personen (in der Regel 2 – 3 Personen) gleichzeitig präsentiert werden. Desweitern entsteht durch die Prismenbrille eine geringe geometrische Verzerrung, die bei längerer Betrachtung störend ist.

6.2.3. Polarisation

Die Polarisationstechnik ist wesentlich fortschrittlicher. Bei dieser am meist verbreiteten Projektionstechnik wird die Kanaltrennung mit Hilfe von polarisiertem Licht erreicht. Es werden hier immer zwei Projektoren benötigt, wobei vor jedes Projektorobjektiv ein sogenannter Polifilter gesetzt wird. Diesen Polarisationsfilter kann man sich als „Lichtgitter" vorstellen, mit senkrechten oder waagrechten „Gitterstäben". Die Filter, die um 90° versetzt vor den Projektoren angeordnet. Dies bedeutet die „Gitterstäbe" stehen beim einen Projektor senkrecht und beim anderen waagrecht.

Das Licht breitet sich wellenförmig in alle Richtungen aus. Durch die Filter jedoch wird das Licht für jeden Projektor nur in eine Richtung (senkrecht oder waagrecht) durchgelassen. Bei den meisten Filtersystemen sind die „Gitterstäbe" nicht senkrecht und waagrecht angeordnet, sondern stehen ähnlich einem V zueinander (Abb. 6-4). Daher auch der Begriff V-Stellung der Polifilter.

6. Betrachtung

Die hierfür benötigte 3D-Brille besitzt die selben Filter wie die Projektoren. Dadurch kann eine Trennung der beiden Halbbilder erfolgen.

Zur Aufrechterhaltung des Polarisationsstatus des Lichts wird eine metallisch beschichtete Leinwand benötigt. Eine normale weiße Leinwand würde das Licht wieder zerstreuen und die Kanaltrennung wäre aufgehoben[16].

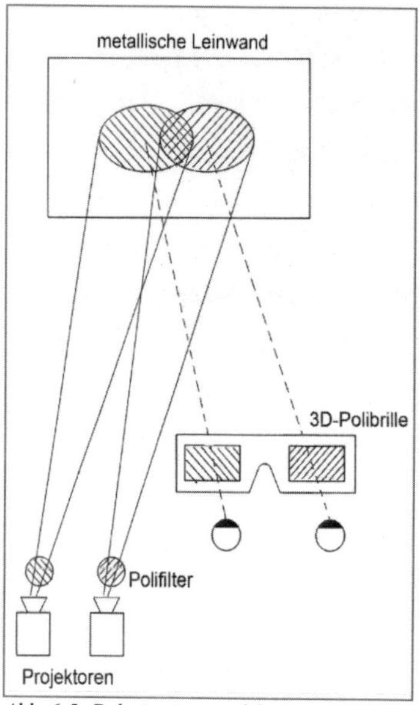

Der Vorteil dieser Technik ist die Farbentreue. Es kommt zu keinem Farbverlust wie bei der Anaglyphenmethode. Nachteilig ist, dass der Betrachter den Kopf gerade halten muss. Wird der Kopf leicht nach rechts oder links geneigt, ist der korrekte Winkel von 90° nicht mehr gegeben. Dadurch ist die Trennung der Halbbilder nicht mehr richtig möglich. Ein weiterer Nachteile ist, daß die Technik nur mit Hilfe einer metallisch beschichteten Leinwand funktioniert. Hinzu kommt der Lichtverlust, der sich durch die Polarisationsfilter ergibt.

Abb. 6-5: Polarisationsverfahren

Die Polifiltertechnik ist aber bestens geeignet um vielen Personen gleichzeitig stereoskopische Bilder in guter Qualität (ohne Farbverlust) zu präsentieren. Das Ganze funktioniert ohne Anstrengung seitens des Betrachters. Aus diesem Grund liegt der hauptsächliche Einsatz dieser Technik in Themenparks und in IMAX-3D-Kinos.

---

16 vergl. [Internetlink b]

6.2.4. Shuttern

Im Unterschied zu den beiden andern Verfahren wird hier die Trennung der beiden Teilbilder mit Hilfe von „aktiven" Brillen erreicht. Es sind Brillen mit zwei separat steuerbaren LCD-Gläsern. Diese können elektronisch zwischen durchlässig und undurchlässig umgeschaltet werden. Diese Aufgabe übernimmt entweder der Controller der Grafikkarte oder ein Stereotreiber. Sobald Strom durch die Flüssigkeit in den Gläsern hindurch fließt wird sie undurchsichtig. Auf diese Weise lässt sich wahlweise das linke oder das rechte Auge abdunkeln.

Abb.6-6.: 3D-Shutterbrille

Abb 6-7: Shutterbrille - Elsa Revelator

Auf dem Bildschirm werden das linke und rechte Halbbild in sehr schnellem Wechsel angezeigt. Nun müssen die Flüssigkeitskristalle synchron dazu geschaltet werden. Wird beispielsweise das linke Halbbild gezeigt, so muß das rechte LCD-Glas auf undurchlässig geschaltet werden. Beim rechten Bild wird das linke Glas abgedunkelt. Somit sieht das linke Auge nur das Halbbild für links, das rechte Auge das Halbbild für rechts und ein 3dimensionalenes plastisches Bild entsteht.

Bei dieser Technik empfiehlt es sich einen Monitor mit Bildröhre zu verwenden, da nur dieser mit einer sehr hohen Bildwiederholfrequenz betrieben werden kann. Die geforderte, hohe Wiederholfrequenz begründet sich wie folgt. Da jedem Auge nur jedes zweite Bild gezeigt wird, halbiert sich

6. Betrachtung

die Wiederholfrequenz pro Auge. Er wird daher empfohlen, mit einer Bildwiederholfrequenz von mindestens 120 Hz zu arbeiten. So kann eine Wiederhofrequenz von 60 Hz pro Auge gewährleistet werden. Bei einem Monitor mit einer niedrigeren Wiederholfrequenz würde das Bild flimmern und schnell zur Ermüdung des Betrachters führen. Aus diesem Grund sind Flachbildschirme für Schutterbrillen ungeeignet, da diese meist nur bis ca. 75Hz arbeiten.

6.3. Fazit

6.3.1 ohne Brille

Zu den Techniken ohne Brille ist zu sagen, dass sie fast nur bei Bildern verwendet werden. Sie sind bei längerer Betrachtung sehr anstrengend und verlangen einer gewissen Übung. Somit sind sie für Filme oder Animationen nicht zu empfehlen. Für eine kurze Betrachtung eines Bildes jedoch einsetzbar.

6.3.2. mit Brille

Bei den Techniken mit Brille hat jede ihre Vor- und Nachteile. Deswegen sollte man das zuerst das Einsatzgebiet prüfen und überlegen, welches Ausgabemedium genutzt werden soll. Danach kann Entschieden werden, welches Kriterium bei der Ausgabe Priorität hat (kein Farbverlust, viele Betrachter, kostengünstig, etc) und daraufhin die am besten geeignetste Methode ausgewählt werden.

Bei Betrachtungen am PC ist die Shutterbrille trotz der technischen Anforderungen zu bevorzugen. Sie liefert die besten Ergebnisse und ist bei einem Monitor mit einer Bildwiederholfrequent mit 120 Hz ohne Probleme zu

6. Betrachtung

tragen. Bei der Projektion von Bildern im Heimbereich, bei der es in der Regel nur wenige Betrachter gleichzeitig gibt, ist die KMQ-Methode gut geeignet. Es entsteht kein Farbverlust, wie bei der Anaglyphen-Methode und sie ist mit nur einem Projektor relativ günstig. Soll die Projektion jedoch professionell mehreren Personen gleichzeitig vorgeführt werden und handelt es sich nicht nur um Bilder sondern auch Filme oder Animationen, ist die Nutzung von Polifiltern nahezu unumgänglich. Sie ist zwar einer der aufwendigeren Techniken, liefert aber die besten Ergebnisse.

7. Die 3D-Projektoren

Von der FH-Fulda wird das 3D-Projektionssystem „morpheus³ mobile" der Firma more3D eingesetzt. Es handelt sich hier um ein Komplettsystem, bestehend aus Projektoren, Filtern, den entsprechenden 3D-Brillen und einem Softwarepaket für das Anzeigen und Abspielen von 3D-Bildern bzw. 3D-Videos.

Bei diesem System kommt allerdings eine andere als die bereits beschriebenen Brillentechniken zum Einsatz. Es werden hier Interferenzfilter verwendet, um eine Kanaltrennung zu erreichen.

7.1. Interferenzfiltertechnik

Es wird hier eine Technik verwendet die zur Kanaltrennung bei Stereoprojektion auf Interferenzfiltern basiert. Unter Interferenz versteht man die Überlagerung von zwei oder mehr Wellen mit gleicher Wellenlänge, gleicher Frequenz und gleichem Takt. Je nachdem, in wie weit die zwei Wellen unterschiedlich verschoben sind, verstärkt oder vermindert sich die Amplitude. Treffen beispielsweise zwei Wellenberge aufeinander, so verdoppelt sich die Amplitude (Abb. 7-1a). Bei einem Zusammentreffen von Wellenberg und Wellental hingegen, löschen sich die Wellen gegenseitig aus (Abb. 7-1b). Daher diese Technik auch Wellenlängen-Multiplexing genannt.

7. Die 3D-Projektoren

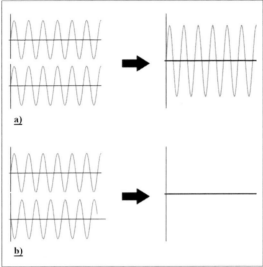

Abb. 7-1: Interferenzen
a) Amplitude verdoppelt sich
b) Wellen löschen sich

Das Licht

Sichtbares Licht ist eine elektromagnetische Strahlung mit Wellenlängen zwischen etwa 400 und 750 Nanometer (Abb. 7-2). Die restlichen Strahlungen, wie UV, IR, Gammastrahlen, Mikrowellen, etc. sind für das menschliche Auge nicht wahrnehmbar.

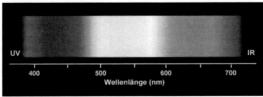

Abb. 7-2: Lichtspektrum

7. Die 3D-Projektoren

Die folgende Tabelle enthält die Bereiche der Komplementärfarben im Lichtspektrum

Tab. 7-1: Wellenlängen der Komplementärfarben

Wellenänge [nm]	Farbe
625 - 700	Rot
550 - 590	Gelb
450 - 500	Blau

Die Filter

Ein Interferenzfilter besteht aus mehreren dünnen Schichten dielektrischem transparenten Material. An den Grenzflächen zwischen zwei Schichten kommt es zur Reflexionen des einfallenden Lichtes. Durch Überlagerung der reflektierten Wellen entstehen Interferenzerscheinungen. Bei geeignet gewählter Schichtdicke wird Licht bestimmter Wellenlängen (meist ein bestimmtes Frequenzband) durch diese Interferenz ausgelöscht, also nicht transmittiert, während Licht anderer Wellenlänge passieren kann[17].

So kann beispielsweise folgende Verschiebung erreicht werden:

- Linkes Auge: Rot 629nm, Grün 532nm, Blau 446nm
- Rechtes Auge: Rot 615nm, Grün 518nm, Blau 432nm

Um die Kanaltrennung der projizierten Bilder zu erreichen, können mit einer Brille mit entsprechenden Interferenzfilter für jedes Auge die passenden Wellenlängen heraus gefiltert werden.

---
17 vergl. [Internetlink b]

7. Die 3D-Projektoren

Die Vorteile gegenüber der Polarisationstechnik liegen darin, dass zum einen keine spezielle Leinwand benötigt wird und zum anderen wirkt sich eine Neigung des Kopfes nicht störend auf den Raumeindruck aus.

7.2. Hardware

Das System auf dem die more3DStereo-Software läuft, sollte laut der Firma more3D die folgenden Voraussetzungen haben:

- Intel Pentium4 Prozessor oder besser
- NVIDIA GeForce oder Quadro Grafikkarte mit 128 MB Speicher
- Windows XP / XP Pro oder Windows 2000
- 512 MB Hauptspeicher
- more3D StereoSoftware
- Installierter Videocodec (z.B. MPEG2 oder DivX)

Das Projektorensystem besteht aus:

- 2 Projektoren
- 2 Fernbedienungen
- 2 Interferenzfilter
- Media-PC
- 10 INFITEC-3D-Brillen

Es wird hier keine – im Gegensatz zur Polarisationstechnik – spezielle Leinwand benötigt.

7.3. Software

Alle 3D-Anwendungen, die DirektX als Standard haben können mit dem more3D-Softwarepaket ohne jegliche Modifikation genutzt werden. Die more3D StereoSoftware erzeugt in Echtzeit zwischen 2 und 8 perspektivische Ansichten der 3D-Anwendung und gibt diese mit beliebiger externer Hardware wieder. Mit geeigneten Ausgabegeräten (z.B. Stereo-Projektion, Head Mounted Displays, Autostereoscopic Displays, etc.) kann der Betrachter so virtuell in die gezeigte Anwendung eintauchen[18].

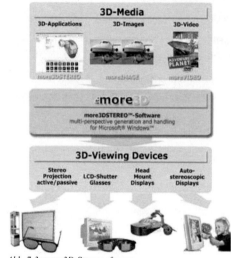

Abb. 7-3: more3D-Stereosoftware

- **more3D-Stereo**

    Sie ist die Basissoftware, die unbemerkt im Hintergrund arbeitet, und auf der alle weiteren Erweiterungen wie moreVideo oder moreImage

---
18 vergl. Handbuch more3D

7. Die 3D-Projektoren

aufsetzten. Sie liegt zwischen Anwendersoftware und Grafiktreiber (Abb. 7-1). more3D-Stereo interpretiert jeden Grafikbefehl und gibt ihn dann an das 3D-Projektionssystem weiter.

- **moreImage**

Mit der Software-Erweiterung moreImage ist es möglich, Raumbilder wiederzugeben. Die Bilder müssen im .jps-Format abgespeichert sein. Dies ist das JPEG-Stereoformat und setzt sich aus den beiden Halbbildern für das linke und rechte Auge zusammen, wobei die Anordnung nebeneinander sein muß. Solche Bilder können leicht mit diversen Programmen wie 3D-Combine oder 3D-Stereo erstellt werden. Weiterhin ist es möglich diese aus Renderprogrammen (Lightwave, Maya, usw.) erzeugen zu lassen

- **moreVideo**

Mit der Software-Erweiterung ist das Abspielen von Videos möglich. Dies können Videos mit zwei unabhängigen Video-Streams (linke und rechte Kameraperspektive), IMAX-Filme oder Filme im interleaved-3D-Format sein.

8. Umsetzung

Nachdem in den in vorangegangenen Kapiteln auf die Grundlagen der Erstellung sowie Präsentation von sterosopischen Bildern und Filmen ausgiebig eigegangen wurde, werden in diesem Kapitel die gewonnenen Erkenntnisse umgesetzt. Hierfür werden reale Bilder aufgenommen sowie Animationen mit den drei etablierten 3D-Animationssoftware-Paketen MAYA, 3D Studio Max und Lightwave erstellt.

Um die Ergebnisse später besser beurteilen und bewerten zu können, werden mit Hilfe der 3D-Animationssoftware-Paketen annähernd gleiche Szenen erstellt und später animiert.

8.1. Reale Szenen

Zur Aufnahme der Raumbilder (*Flur_Eimer_7.jps* , *Flur_Eimer_4.jps* , *Flur_4.jps*) wurde eine Digitalkamera vom Typ *Casio Exilim EX-Z40* benutzt. Da nur eine Kamera zur Verfügung stand, wurden die Szenen mit Hilfe der Verschiebetechnik fotografiert. Aus diesem Grund musste vor der Aufnahme ein Gestell gefertigt werden, auf dem die Kamera in bestimmten Abständen verschoben werden konnte. Dabei war darauf zu achten, dass das Gestell genau waagrecht und die Schiene exakt gerade aufgestellt waren. Andernfalls wäre es zu Rotations- bzw. Höhenfehlern gekommen. Diese hätte man dann durch eine Nachbearbeitung entfernen und neu zu einem Stereobild montieren können.

Um ein real getreues Raumbild aufnehmen zu können müssen die Stereobasis sowie die Scheinfensterweite berechnet werden. Wie in *Kapitel 3.4.* gezeigt, kann die Scheinfensterweite durch die im Anhang zu findende Formel Gl. (1b)

$$s\ [cm] = S\ [cm] * f\ [mm]$$

berechnet werden.

Da sich das komplette Raumbild hinter dem Scheinfenster befinden soll, muss die Scheinfensterweite kleiner als der Nahpunktabstand sein.

Der Abstand von Basis zum Nahpunkt (Vase mit Sonnenblumen) beträgt 2,50 m. Die Brennweite der Kamera ist 35 mm. Setzt man diese Werte in die Formel ein, erhält man

$$s\ [cm] = S\ [cm] * f\ [mm]$$
$$\rightarrow\ 250\ [cm] = S\ [cm] * 35\ [mm]$$
$$\rightarrow\ S\ [cm] = 250\ [cm]\ /\ 35\ [mm]$$
$$\rightarrow\ S\ [cm] = 7{,}14$$

Die Basis darf bei diesem Bild also maximal 7,14 cm betragen. Daher wurden die Halbbilder mit einer Basis von 7 cm aufgenommen, damit sich der Nahpunkt direkt hinter dem Scheinfenster befindet.

Um die Bedeutung und den Nutzen der Scheinfensterweite zu verdeutlichen wurde ein zusätzliches Objekt in der Szene platziert[19]. Der Nahpunkt (schwarzer Eimer) liegt bei diesem Bild mit 1,40 m deutlich vor dem Scheinfenster.

Es ensteht nun folgender Fehler: Der Eimer wird beim Betrachten vor der Leinwand wahrgenommen, da er sich bei der Aufnahme vor dem Scheinfenster befindet. Es handelt sich hier jedoch nicht um ein frei schwebendes Objekt und müsste sich daher hinter, oder zumindest auf der Leinwand befinden.[20] Bei diesem Stereobild stellt sich daher kein entspannter

---
19 Siehe „Flur_Eimer_7cm.jps"
20 siehe Kapitel 5.2 Rahmungsregel

Raumeindruck beim Betrachter ein.

Um auch hier ein gutes Raumbild zu erhalten, muss die Basis unter Berücksichtigung des Nahpunkts verändert werden.

$$s \text{ [cm]} = S \text{ [cm]} * f \text{ [mm]}$$
$$\rightarrow 140 \text{ [cm]} = S \text{ [cm]} * 35 \text{ [mm]}$$
$$\rightarrow S \text{ [cm]} = 140 \text{ [cm]} / 35 \text{ [mm]}$$
$$\rightarrow S \text{ [cm]} = 4$$

Man erkennt nun den Unterschied zwischen den beiden Aufnahmen mit unterschiedlichen Basen. Wird die Basis 4 cm gewählt, liegt der Nahpunkt hinter dem Scheinfenster. Dadurch kann dem Betrachter ein entspannter Raumeindruck präsentiert werden[21].

Es ist nun deutlich geworden, dass vor jeder Aufnahme die Szene analysiert und alle Werte wie Stereobasis, Scheinfensterweite, minimaler Nahpunktabstand, etc. berechnet werden müssen. Andernfalls kann es zu Fehlern kommen, die den Raumeindruck beeinträchtigen oder erst gar nicht enstehen lassen.

8.2. Maya

Maya Unlimited
Version 6.5
Hersteller: Alias Wavefront

---

21 Siehe „Flur_Eimer_4cm.jps"

8. Umsetzung

Die Software Maya ist eine professionelle, von der Firma Alias entwickelte, sehr verbreitete 3D Visualisierungs- und Animationssoftware, die primär in der Film- und Fernsehindustrie aber auch bei der Erstellung von Grafiken für Computer- und Videospiele eingesetzt wird.

Daneben wird Maya auch in anderen Bereichen verwendet, wie der industriellen Fertigung, Visualisierung in der Architektur und in Entwicklung und Forschung. Maya ist eines der bekanntesten und meist genutzten Softwareprodukte im Bereich 3D-Modellierung, Computeranimation und Rendering.

8.2.1. Modellierung

Da die Modellierung der Objekte kein Schwerpunktthema der Arbeit ist, und weiterhin von einer Grundkenntnis im Umgang mit Maya ausgegangen wird, werden im Folgenden nur die wichtigsten Punkte, die für die Erzeugung der Szene sowie der Objekte notwendig sind, erklärt.

Bevor die Szene modelliert werden kann, ist es wichtig die richtige Maßeinheit auszuwählen. Dies ist für eine korrekte Berechnung der Entfernungen und Größen der Objekte in der Szene notwendig. Bei MAYA erfolgt diese Einstellung im Menüpunkt *Window* → *Settings/Preferences* → *Preferences*. Hier kann die Option *Linear* auf *centimeter* geändert werden, da in allen Berechnungen die Einheit *cm* benötigt wird. Somit beträgt der Abstand der Gitternetzlinien genau 1 cm. Alle Werte können nun berechnet und die Objekte bzw. Kameras korrekt positioniert werden.

Um bei der Animation einen guten Tiefeneindruck zu erzielen, wurde für die Umgebung ein Gerüstgang aus mehreren Polygonen erstellt. Den Boden des

Gangs bildet ein *Polygon-Plane*. Die Tatsache, dass der Gang weit in die Szene hinein führt und aus mehreren hintereinander stehenden Balken besteht führt dazu, dass die Tiefe dem Betrachter gut vermittelt werden kann. Ein weiterer Vorteil der Balkenkonstruktion zeigt sich darin, dass die Position der sich in der Szene befindlichen Objekte genau bestimmt werden kann.

Auf der linken Seite befindet sich ein Würfel, der sich im Laufe der Animation um die eigene Achse dreht. Auch dieser besteht aus einem *Polygon-Cube*.

Das eigentliche Hauptelement der Animation ist ein Objekt, welches aus vier in sich verschlungenen Dreiecken besteht. Diese sind zwar auch aus einem Polygonen-Quader geformt, jedoch keinem *Polygon Primitives* wie das Gerüst oder der Würfel. Der Quader, der zu einem Dreieck geformt wurde ist sechseckig. Um ihn zu erstellen muss im Menüpunkt *Polygons -> Create Polygon Tool* angewählt werden. Danach kann in der *Side*-Ansicht die sechseckige Grundform durch Setzen der Eckpunkte erstellt werden. Mit *Edit Polygons -> Extrude Face* kann die Grundfläche in die Länge gezogen werden. Durch mehrmaliges Anwenden der *Extrude Face* Funktion kann so das Dreieck geformt werden.

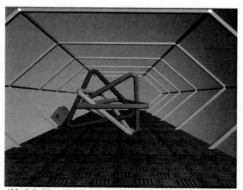

Abb. 9-1: Maya Animation - Screenshot

8. Umsetzung

Im Laufe der Animation bewegt sich das Hauptelement mehrmals vom Hintergrund nach vorne, bis direkt vor die Kamera. An einigen Stellen stoppt die Bewegung und das Objekt dreht sich um die eigene Achse.

8.2.2. Kamera

Für die stereoskopische Aufnahme befinden sich in der Szene zwei parallel angeordnete Kameras. Ihre Brennweite beträgt jeweils 35 mm, da diese Normalbrennweite zu keinen Verzerrungen in der Szene führt.[22] Weiterhin entspricht sie dem natürlichen Sehfeld und das Bild wirkt somit angenehmer.

Wichtig ist es, dass die beiden Kameras exakt die gleichen Einstellungen besitzen, da sonst Fehler im Raumbild entstehen. Weiterhin ist auf die Kamerabezeichnung zu achten. Es sollten eindeutige Namen vergeben werden, damit es später beim Rendern nicht zu Fehlern kommt und zweimal die selbe Kameraansicht gerendert wird.

8.2.3. Positionierung

Vor der Positionierung der Objekte steht die Bestimmung der Kameraposition sowie die Berechnung der Scheinfensterweite und Stereobasis. Da der Gerüstgang mit den Maßen (B x H x T): 5 cm x 2,8 cm x 15 cm eine relativ geringe Größe aufweist, wird auch eine geringe Basis mit nur 20 mm gewählt. Aus der Basis und der Brennweite lässt sich nun die, für die Positionierung der Objekte wichtige Scheinfensterweite berechnen[23]. Sie befindet sich in diesem Fall bei 7 cm.

Der Quader auf der linken Seite befindet sich exakt 7 cm vor den Kameras. Er wird somit bei er späteren Präsentation auf der Leinwand

---
22 siehe Kapitel 3.2. Kameraeinstellungen
23 siehe Kapitel 3.4. Die Scheinfensterweite

wahrgenommen. Im Gegensatz dazu bewegen sich die Dreiecke näher als 7 cm an die Kameras heran. Sie befinden sich somit vor dem Scheinfenster und scheinen bei der Projektion vor der Leinwand frei im Raum zu schweben.

8.2.4. Rendering

Das Rendern der Szene erfolgte in Einzelbildern. Aus diesem Grund wurden im Projektverzeichnis Unterverzeichnisse für die linke sowie die rechte Kamera erstellt. Somit konnten die Bilder der zwei Kameraperspektiven gut von einander getrennt werden. Anschließend wurden sie mit Hilfe der Videoschnittsoftware Adobe Premiere Pro zu einem Video zusammengefügt.

Beim Rendern müssen keine besonderen Einstellungen vorgenommen werden. Es werden lediglich die Optionen, die auch bei anderen Szenen ausgewählt werden müssen (Raytracing, etc.), ausgewählt.

8.3. 3D Studio Max

3D Studio Max

Version 3.5

Hersteller: Autodesk

Wie auch Maya ist 3D Studio Max ein leistungsfähiges Softwarepaket für die Erschaffung von 3D-Animationen und 3D-Grafiken bis hin zum realistischen, digitalen Film.

8. Umsetzung

8.3.1. Modellierung

Wie bereits erwähnt sollen annähernd gleiche Szenen erstellt werden, um die Ergebnisse später besser vergleichen und beurteilen zu können. Daher wird auch hier für die Umgebung ein Gerüstgang aus mehreren *Boxes* modelliert. Einzige Unterschiede zu der mit Maya erstellten Szene sind der Schriftzug „3D" auf der linken Seite, sowie das Hauptelement. Dieses ist ein von 3D Studio Max vorgegebenes Objekt. Erstellt wird es unter dem Menüpunkt *Create -> Extended Primitives -> Torus Knot*. Als Material wurde ihm eine reflektierende Oberfläche zugewiesen. Das Objekt bewegt sich vom Hintergrund nach Vorne, bleibt an einigen Stellen stehen und dreht sich um die eigene Achse. Ähnlich der Animation mit Maya.

Um den Text 3D zu erzeugen, wählt man den Menüpunkt *Create -> Shapes -> Text*. Da dieser bis jetzt nur 2dimensional ist muss er, um später animiert werden zu können, „in die Tiefe" gezogen werden. Hierzu ist in der *Modifier List* die Funktion *Extrude* auszuwählen und bei *Amount* die entsprechende Tiefe einzugeben.

Der so erstellte Text wird nun animiert und dreht sich während der kompletten Animation um die eigene Achse, wobei seine Position auf der Scheinfensterweite liegt

Abb. 8-2: 3DS Max - Extrude

Wie auch in Maya wurden vor der Positionierung der Objekte die Scheinfensterweite sowie die Stereobasis mit Hilfe der bekannten Formeln berechnet.

8. Umsetzung

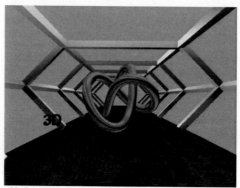

Abb. 8-3: *3DS Max Animation - Screenshot*

8.3.2. Kameras

Es wird hier mit 40 mm ein sehr geringer seitlicher Abstand zwischen den beiden parallel angeordneten Kameras gewählt. Grund hierfür ist die geringe Größe der Objekte sowie der kompletten Szene.

Die Brennweite der Kameras ist auch hier die Normalbrennweite, also 35 mm. Es wurde darauf geachtet, dass die beiden Kameras exakt parallel ausgerichtet sind und die gleichen Einstellungen besitzen.

8.3.3. Rendering

Anders als bei Maya werden die beiden Kameraansichten nicht in Einzelbildern, sondern direkt in eine Videodatei gerendert. Dies erspart viel Arbeit, da keine Unterverzeichnisse für die Einzelbilder erstellt werden müssen und die Arbeit mit einer Videoschnittsoftware entfällt. Weiterhin ist diese Vorgehensweise übersichtlicher und im Vergleich zu Maya weniger fehleranfällig, da nach dem Rendern lediglich zwei Dateien und nicht

8. Umsetzung

mehrere Hundert für jede Kameraansicht existieren.

8.4. Lightwave

Lightwave 3D

Version 8

Hersteller: NewRek

Im Unterschied zu Maya und 3D Studio Max besteht Lightwave aus zwei Modulen. Zum einen dem Modeler, in dem alle Objekte modelliert werden und zum anderen dem Layout. Im Layout werden dann die Objekte zu einer Szene zusammengefügt und die Kameras sowie das Licht gesetzt

8.4.1. Modellierung

Im Modeler werden nacheinander alle Objekte der Szene erstellt und jeweils in einer separaten Datei gespeichert. Damit eine, mit den anderen Animationen vergleichbare Szene entsteht, werden drei Objekte benötigt. Dies sind der Gerüstgang, der Text „3D" und das Hauptelement, das hier aus drei in sich verschlungenen Ringen besteht. Da auch hier von einer Grundkenntnis im Umgang mit Lightwave ausgegangen wird, werden die einzelnen Schritte, die für die Modellierung der Objekte notwendig sind nicht näher erläutert .

Im Layout werden die Objekte dann importiert und zusammengefügt. Wie auch bei den anderen beiden Animationen bewegt sich das Hauptobjekt vom Hintergrund aus nach vorne, bleibt an einigen Stellen stehen und dreht sich um die eigene Achse. Der Text dreht sich auch hier während der kompletten Animation um die eigene Achse und wird auf der Leinwand wahrgenommen. Somit ist ein Vergleich mit den anderen Animationen möglich.

Abb. 8-4: Lightwave Animation, Screenshot

8.4.2. Kameras

Lightwave erleichtert die Erstellung von stereoskopischen Szenen, denn die Software stellt eine besondere Kameraeinstellung für Stereoskopie zur Verfügung.

Es kann hier mit nur einer Kamera gearbeitet werden. Es muss lediglich bei den Kameraeinstellungen in der Registerkarte *Stereo and DOF* die Option *Stereoscopic Rendering* ausgewählt und bei *Eye Separation* der seitliche Kameraabstand eingegeben werden. Lightwave erzeugt dann später beim Render die zwei unterschiedlichen Perspektiven. Somit wird die Arbeit mit der Kamera in der Szene erheblich erleichtert, da die Überprüfung der Kamerapositionen zueinander wegfällt

8. Umsetzung

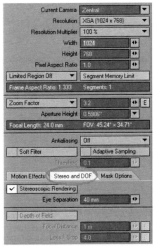

Alternativ kann jedoch auch mit zwei Kameras gearbeitet werden, wobei hier wieder auf eine exakte parallele Stellung und die gleiche Entfernung zu den Objekten geachtet werden muss.

Bei beiden Alternativen muss jedoch vor der Positionierung der Kamera – oder Kameras – die Scheinfensterweite berechnet werden. Bei einem Kameraabstand von 4 cm und einer Brennweite von 35 mm beträgt die Scheinfensterweite hier 7 cm.

Abb. 8-5: Lightwave Kameraeinstellungen

8.4.3. Rendering

Die Szene wurde genau wie in Maya in Einzelbildern gerendert und später mit Adobe Premiere zu Videodateien zusammengefügt.

> **Steroskopische Kamera**

Lightwave erstellt beim stereoskopischen Rendern für jeden Frame jeweils eine Datei mit dem Infix L für das linke Bild und eine Datei mit dem Infix R für das rechte Bild. Nun können die Bilddateien in Adobe Premiere importiert und weiter bearbeitet werden.

> **Zwei Kameras in der Szene**

Da hier zwei Kameras in der Szene zur Erzeugung einer 3dimensionalen Animation verwendet werden, ist analog zu den

8. Umsetzung

Techniken in Maya und 3D Studio Max vorzugehen. Für jede Kameraperspektive wird ein Unterverzeichnis für die Einzelbilder erstellt, damit es hier später nicht zu Verwechslungen der Bilder kommt. Die Einzelbilder werden nun mit der Videoschnittsoftware Adobe Premiere zu Videodateien zusammengefügt.

8.5. Projektion

Für eine gute Projektion der Bilder sowie Animation muss die optimale Entfernung des Betrachters zur Leinwand ermittelt werden. Diese ist an der Stelle erreicht, an der die plastische Wirkung PW = 1 ist. Für die genaue Bestimmung der Betrachterweite werden die Gleichungen Gl. (8) bzw Gl. (9), die im Anhang zu finden sind, benutzt.

Gl. (8)

$$PW = \frac{s}{g} * \frac{a}{(p * f)} * N(g)$$

Da bei Normalaufahmen $N_{(g)}$ = 1 ist, vereinfacht sich die Gleichung zu

$$PW = \frac{s}{g} * \frac{a}{(p * f)}$$

Alle Animationen sind mit den gleichen Einstellungen erstellt und gerendert worden. Daher ist die Berechnung des optimalen Abstands nur einmal durchzuführen. Er ist bei allen drei Animationen gleich. Weiterhin wird davon ausgegangen, dass das Objekt – Quader bzw. Schrift „3D" – auf dem Scheinfenster mit einer plastischen Wirkung PW = 1 erscheinen soll, um so die Hauptelemente der einzelnen Animationen vor der Leinwand wahrnehmen zu können. Daraus resultiert, dass die Scheinfensterweite s

gleich der Gegenstandsweite g ist. Somit vereinfacht sich die Gleichung zu

$$PW = \frac{a}{(p * f)}$$

Alle Animationen wurden in der Auflösung von 1024 x 756 Pixel gerendert, dies einspricht einer Bildgröße von 36 cm x 26 cm. Die Ausgabegöße der Projektoren liegt bei 2,30 m x 1,70 m. Das Originalbild wird durch die Projektoren 6,4 mal vergrößert → Vergrößerungsfaktor p = 6,4. Auch die Brennweite f der Kameras in den Animationen ist gleich und liegt bei 35 mm.

Diese Werte in oben genannte Gleichungen eingesetzt, ergibt

$$p = 6,4$$
$$f = 35\,mm$$
$$PW = 1$$

$$1 = \frac{a}{(6,4 * 35mm)}$$

$$a = 6,4 * 35mm$$

$$a = 224\,mm = 2,24\,m$$

Die optimale Betrachterentfernung liegt bei 2,24 m vor der Leinwand. Minimale Abweichungen von diesem Wert mindern die plastische Wirkung nur gering, die dem Betrachter nicht auffallen. Bewegt man sich jedoch mehr als einen Meter nach vorne bzw. nach hinten, werden die Objekte auf der Leinwand nicht mehr originalgetreu wahrgenommen. Weiterhin vermindert sich der Effekt bei den Objekten vor der Leinwand. Sie werden nicht mehr so weit vor der Leinwand gesehen.

Bei moreVideo kann der seitliche Versatz der Halbbilder auf die Betrachterentfernung angepasst werden. Mit dem Regler *Zero Plain* kann

8. Umsetzung

dieser erhöht oder verringert werden, um somit das Stereobild auf die Entfernung des Betrachters einzustellen.

9. Blick in die Zukunft

9.1. Neue Technologie

Die kalifornische Firma *In-Three* hat eine neue Softwarelösung zur Erstellung von 3D-Filmen entwickelt. Mit *Dimensionalization* können alle 2D-Filme in echte stereoskopische Filme umgewandelt werden. Das Original wird zur Perspektive für das linke Auge. Ausgehend von diesem Material wird die Perspektive für das Rechte erzeugt. Diese wird für jede einzelne Szene bzw. Kameraeinstellung neu berechnet.

Die Methode verspricht laut *In-Three* ein perfektes Ergebnis, das sogar nach langer Betrachtung weder zu Ermüdung noch zu Kopfschmerzen führt. Grund dafür sollen die mathematischen Berechnungen von *Dimensionalization* sein, die zu einer perfekten parallaktischen Verschiebung führen. Diese soll sogar genauer sein als bei Aufnahmen mit zwei Kameras oder einer 3D-Kamera, bei denen diese nicht immer zu 100 % gegeben ist. Vor allem bei Aufnahmen mit 2 Kameras kann es zu minimalen Höhen- oder Rotaionsfehlern kommen. Genauere Informationen zu der Funktionsweise der Software, speziell den Algorithmus zur Berechnung der zweiten Perspektive, sind von In-Three noch nicht veröffentlicht worden.

Zur Vorführung sollen alle Projektoren die mit einer Bildwiederholrate von 96 FPS laufen geeignet sein, damit für jedes Auge eine Wiederholrate von 48 FPS gewährleistet sein kann. Bei der Kanaltrennung werden zwei Alternativen angeboten. Zum einen eine Polarisationstechnik und zum anderen die Möglichkeit mit wireless Shutterbrillen zu Arbeiten. Bei beiden wird empfohlen die von *In-Three* in Verbindung mit *NuVision* angebotene Hardware zu benutzen. Dies scheint vor allem bei den Schutterbrillen sinnvoll zu sein, da hier für die 96 FPS eine spezielle Synchronisationssoftware

9. Blick in die Zukunft

eingesetzt werden muss. Neben der Software beinhaltet die Produktpalette Projektoren, Filter und Brillen in unterschiedlichen Größen (Polifilter-Brillen, Shutterbrillen). Da die LCD-Gläser der Brillen empfindlich sind, wird eine Maschine für die automatische Reinigung der Shutterbrillen angeboten.

Die großen Regisseure Hollywoods wie George Lukas, James Cameron, Robert Zemeckis und Peter Jackson sind an der von *In-Three* entwickelten Technik sehr interessiert. Dies liegt zum einen daran, dass alle ihre Filme, so alt sie auch sind, in 3D-Filme konvertiert werden können. Zum anderen müssen die Kinos nur geringfügig modernisiert werden um die Filme vorführen zu können. George Lukas beabsichtigt sogar den Film „Star Wars IV – A New Hope" Ende 2007 als 3D-Film in amerikanischen Kinos zu zeigen.

9.2. Zukunftsaussichten

Durch diese neue Technologie wird die Stereoskopie in nächster Zeit vor allem in Kinos stark zunehmen. Wesentlicher Faktor bei der Projektion von Raumbildern ist der angenehme Raumeffekt für den Betrachter. Es darf für ihn nicht anstrengend sein einen 3D-Film zu betrachten. Weiterhin darf es zu keinem Farbverlust kommen. Dies ist bei dem Polifiltersystem oder auch der Shuttertechnik – Voraussetzung ist eine hohe Bildwiederholfrequenz – nicht der Fall. Daher werden viele Kinos in nächster Zeit ihre Säle für 3D-Präsentation aufrüsten. Durch die immer wieder verbesserte und günstiger werdende Hardware wird sie aber auch im Heimbetrieb verstärkt Einzug finden.

Bei der Bildschirmarbeit wird die Entwicklung in Richtung der 3D-Monitore gehen, bei denen keine Brille benötigt wird. Sie wird möglicherweise in der Industrie verstärkt eingesetzt. Hier können so Prototypen am PC erstellt und

9. Blick in die Zukunft

3dimensional Betrachtet werden. Dies erspart die hohen Kosten für die Fertigung eines realen Prototypen. Aber auch bei Computerspielen wird man diese Monitore bald öfter finden.

10. Beurteilung der Ergebnisse

In allen Animationen sowie den Fotografien ensteht ein sehr guter und genauer Tiefeneindruck. Dies resultiert aus der Tatsache, dass alle im Theorieteil getroffenen Aussagen beachtet wurden. So wurden bei der Aufnahme alle Werte wie Scheinfensterweite oder Stereobasis strickt eingehalten. Auch bei der Wiedergabe wurde auf alle, für eine gute Präsentation wichtigen Bedingungen geachtet. All diese Werte wurden mit Hilfe der gegebenen Formeln und Gleichungen berechnet[24]. Somit zeigt sich die Richtigkeit der genutzten Formeln und Gleichungen.

Abweichungen

Jedoch gibt es eine geringe Abweichung in der Animation, die mit Maya erstellt wurde. Hier befindet sich der Quader nicht exakt auf der Leinwand, obwohl er sich bei der Aufnahme auf dem Scheinfenster befindet. Dies erklärt sich damit, dass zur Berechnung der Scheinfensterweite nur die vereinfachte Gleichung Gl. (1b) benutzt wurde. Die Abweichung ist jedoch nur minimal. Für den Betrachter ist es hier unerheblich, ob sich das Objekt auf oder ein wenig vor der Leinwand befindet. Da sich die Position nicht störend auf die Tiefenwirkung auswirkt, kann diese Abweichung vernachlässigt werden.

Wäre eine exakte Wiedergabe gefordert, so müsste hier die genaue Gleichung Gl. (1) angewendet werden. Dadurch würde sich der Quader wieder auf der Leinwand befinden.

Anders als bei den Animationen wurde bei der Stereofotografie der Fehler bewusst erzeugt, um die Bedeutung der Scheinfensterweite sowie der Rahmungsregel[25] zu verdeutlichen. Wie auch schon in Kapitel 8) erwähnt,

---
24 siehe Anhang A)
25 Siehe Kapitel 5) Die 3 goldenen Regeln

10. Beurteilung der Ergebnisse

soll hier gezeigt werden, welche Objekte vor der Scheinfensterweite positioniert werden können und welche nicht. So dürfen sich hier lediglich freie Objekte – die keinen Kontakt zum Rand des Bildes haben – befinden, da sie bei der Projektion *frei* schwebend vor der Leinwand gesehen werden. Ein Kontakt zum Rand des Bildes würde zu einem Fehler führen.

Tiefenwirkung

Bei Maya wird der Effekt der verstärkten Tiefe bei Objekten, die sich vor der Kamera befinden, besonders deutlich. Sobald die Dreiecke die Leinwand „verlassen" und scheinbar im Raum schweben, nimmt die Tiefenwirkung zu, je näher sie sich auf den Betrachter zu bewegen.

Animationssoftware

Da die Animationen mit den gleichen Einstellungen und Objekten erstellt wurden, liefern sie auch bei der Präsentation die gleichen Ergebnisse. Es gibt weder bessere noch schlechtere Ergebnisse.

Es gibt lediglich bei der Modellierung sowie dem Rendern einige Unterschiede, die zu einer einfacheren und effizienteren Bearbeitung beitragen. So wäre hier die stereoskopische Kamera, die nur in Lightwave zu finden ist, zu nennen. Mit ihr ist es möglich, nur eine Kamera in der Szene zu verwenden. Weiterer Vorteil ist, dass man hierdurch einen zentralen Blick auf die modellierten Objekte bekommt. Dies ist bei der Verwendung von zwei Kameras nicht möglich, da man hier die Perspektive der rechten oder linken Kamera hat. Es ist so nicht genau bestimmbar, ob sich die Objekte an der gewünschten Position – beispielsweise zentral vor dem Betrachter – befinden.

Der Nachteil der stereoskopischen Kamera bei Lightwave liegt beim

10. Beurteilung der Ergebnisse

Rendern. Da beim Rendern die zwei Perspektiven automatisch erstellt werden, rendert Lightwave nach einer Änderung des seitlichen Kameraabstandes in der Szene beide Perspektiven neu. Hieraus folgt ein hohe Renderzeit. Handelt es sich hier um nur geringe Änderungen, würde das Renderen einer Kameraansicht ausreichen. Dies ist bei der Technik mit zwei Kameras möglich, da die Ansichten in zwei unabhängigen Durchläufen gerendert werden.

Fazit

Abschließend kann man sagen, dass die Formeln und Gleichungen, zur Berechnung der Abstände und Entfernungen bei Aufnahme und Projektion, das A und O eines guten Stereobilds sind. Werden diese Werte nicht eingehalten, wirkt sich dies negativ auf das Raumbild aus und es ensteht kein guter Raumeindruck. Es ist so kein entspanntes Betrachten der Stereobilder mehr möglich.

Zur Animationssoftware ist zu sagen, dass Lightwave die beste Performance beim Erstellen von 3dimensionalen Bildern oder Animationen liefert. Durch den Einsatz der Stereokamera ist ein gutes und effizientes Arbeiten möglich.

Abkürzungen

3D	drei-dimensional
AVI	**A**udio **V**ideo **I**nterleave – Format für Videodateien von Microsoft
CAD	**C**omputer **A**ided **D**esign – Computerunterstütztes Zeichnen
DGS	**D**eutsche **G**esellschaft für **S**tereoskopie
FPS	**F**rames **p**er **S**econd – Bilder pro Sekunde
Hz	Hertz – Frequenzeinheit
IR	Infrarotstrahlung – elekromagnetische Wellen mit einer Wellenlänge von 780 nm bis 1000 nm
KMQ	Stereoskopisches Verfahren, benannt nach den Erfindern Dr. **K**oschnitzke, R. **M**ehnert, Dr. **Q**uick
LCD	**L**iquid **C**rystal **D**isplay – Flüssigkristallbildschirm
SGS	**S**chweizer **G**esellschaft für **S**tereoskopie
SIS	**S**ingle **I**mage **S**tereogram

Abkürzungen

USB **U**niversal **S**erial **B**us - Bussystem zur Verbindung eines Rechners mit externen USB-Peripheriegeräten.

UV Ultraviolettstrahlung – elektromagnetische Wellen mit einer Wellenlänge von 10 nm bis 380 nm

Begriffserklärung

Amplitude	Physikalische Bezeichnung für die Wellenhöhe einer Schwingung
Animation	(lat. *animare*, „zum Leben erwecken") Technik, mit der mittels aufeinanderfolger Einzelbilder ein Film erzeugt wird. Bei schneller Wiedergabe der Bilder entsteht beim Betrachten der Eindruck einer Bewegung. Die Bilder können gezeichnet, fotografiert oder am Computer erstellt sein.
Fokus	Punkt, den beide Augen gleichzeitig ansteuern und dadurch in ihm scharf gesehen wird
Hertz	Einheit für die Frequenz. Sie gibt die Anzahl der Schwingungen pro Sekunde an. Im Allgemeinen auch die Anzahl sich wiederholender Vorgänge pro Sekunde
IMAX	(„Images Maximus", zu deutsch „größtmögliches Bild") Kino-Format für 3D-Filme
Interferenz	[lat.: interferare = sich überlagern] Überlagerung mehrerer Wellen, für die Verstärkung oder Löschung der Amplitude

Begriffserklärung

Komplementärfarben	Farben die bei Addition weiß ergeben. Aus ihnen lassen sich alle anderen Farben mischen (ROT, GELB, BLAU)
Parallaktisch	(griech. *Parallaxe*, „Abweichung") parallaktische Verschiebung – seitlicher Versatz zusammengehöriger Bildpunkte der Halbbilder
Perspektive	Zentralprojektion eines 3dimensionalen Raums auf eine 2dimensionale Fläche
Prisma	keilförmiges, meist aus Glas bestehendes Objekt. Abhängig vom Winkel und der Keilform wird das Licht gebrochen, abgelenkt oder reflektiert.
Rendern	(engl. *to render,* „wiedergeben, vortragen") Verfahren zur Erzeugung eines digitalen Bildes aus einer Bildbeschreibung.
Stereo	(griech. *stereo,* „räumlich, fest")
Stereoskopie	(griech. *stereo,* „räumlich" / *skopein,* „sehen") Verfahren zur Aufnahme und Wiedergabe von raumgetreuen Bildern oder Filmen.
Stereogramm	Bild, bei dem bei entsprechender Betrachtung eine räumliche Tiefe entsteht.

Literaturverzeichnis

[Abé 1998] ABÉ, Thomas: Grundkurs 3D Bilder – Analoge und digitale Technik. vfv Verlag, 1998 – ISBN: 3-88955-099-1

[Alban 2004] ALBAN, Daniel M.: *Inside LightWave 8*. New Riders Publishing, 2004 – ISBN: 0-7357-1368-5

[Alias Wavefront 2004] Alias Wavefront: *Maya 6.5*. – Handbuch zu Maya, Onlinebuch auf der Maya Installations-CD

[DSG 2002] DSG – Deutsche Gesellschaft für Stereoskopie – *stereo journal* – Ausgage: 04/2004 – ISSN: 1612-6094

[Häßler 1996] HÄßLER, Ulrike: *3D Imaging*. Springer-Verlag, 1996 – ISBN: 3-540-61170-3

[Kuhn 1999] KUHN, Gerhard: *Stereo Fotografie und Raumbildprojektion*, vfv Verlag, 1999 – ISBN: 3-88955-119-X

[Mahintorabi 2003] MAHINTORABI, Keywan: *MAYA 3D-Grafik und 3D-Animation*, mitp – Verlag/Bonn, 2003 – ISBN: 3-8266-0973-5

[Internetlink a] INTERNETLINK: *more3D* – URL: http://www.more3d.de/index_d.html – Zugriffsdatum: 09.12.2005

[Internetlink b]   INTERNETLINK: *Wikipedia – Die freie Enzyklopädie* –
URL: http://www.wikipedia.de – Zugriffsdatum: 15.12.2005

[Internetlink c]   INTERNETLINK: NewTek - *Lightwave 3D* –
URL: http://www.newtek.com/lightwave – Zugriffsdatum: 18.10.2005

[Internetlink d]   INTERNETLINK: *Learning Maya – Maya Tutorial Database*
– URL:http://www.learning-maya.com/tutorials.php -
Zugriffsdatum: 23.11.2005

[Internetlink e]   INTERNETLINK: Perspektrum – der 3D Shop –
URL: http://www.perspektrum.de – Zugriffsdatum: 05.11.2005

[Internetlink f]   INTERNETLINK: SGS – Schweizerische Gesellschaft
für Stereoskopie – URL: http://www.stereoskopie.ch –
Zugriffsdatum: 02.11.2005

[Internetlink g]   INTERNETLINK: DGS – Deutsche Gesellschaft für
Stereoskopie – URL: http://www.stereoskopie.org –
Zugriffsdatum: 14.11.2005

[Internetlink h]   INTERNETLINK: Informationen zur Stereoskopie von
G. P. Herbig – URL: http://www.herbig-3d.de –
Zugriffsdatum: 13.12.2005

[Internetlink i]   INTERNETLINK: 3-D Real Vision
URL: http://www.realvision-3d.de – Zugriffsdatum 14.12.2005

Abbildungsverzeichnis

Abb. 2-1　Doppelbild – Quelle: http://www.guntherkrauss.de/
bilder/stereobilder/popallee.html 10

Abb. 4-1　Halbbilder ohne Deckung, in Anlehnung an eine
Zeichnung von Werner Schaffner, URL
http://www.stereoskopie.ch/deutsch/kurse/gr_l_d.htm 23

Abb. 4-2　Bilderdeckung über dem Zaun, in Anlehnung
an eine Zeichnung von Werner Schaffner,
URLhttp://www.stereoskopie.ch/deutsch/kurse/gr_l_d.htm 23

Abb. 4-3　Bilderdeckung über dem Haus, in Anlehnung
an eine Zeichnung von Werner Schaffner,
URL http://www.stereoskopie.ch/deutsch/kurse/gr_l_d.htm 23

Abb. 6-1　Augachsen beim Parallelblick 28

Abb. 6-2　Augachsen beim Kreuzblick 29

Abb. 6-3　Anaglyphenbrille Rot/Cyan,
Quelle: http://www.apaul.at/seethree/shop 30

Abbildungsverzeichnis

Abb. 6-4 KMQ-Methode, Quelle: [Abé 1998] 31

Abb. 6-5 Polarisationsverfahren 33

Abb. 6-6 3D-Shutterbrille, Quelle:http://www.apaul.at/seethree/shop 34

Abb. 6-7 3D-Shutterbrille: Elsa Relevator 34

Abb. 7-1 Interferenzen 38

Abb. 7-2 Lichtspektrum , Quelle:

URLhttp://www.foto-net.de/net/licht/licht.html 38

Abb. 7-3 more3D-Stereosoftware, Qulle: URL

http://www.more3d.de/german/basistechnologie_d.htm 41

Abb. 8-1 Maya Animation, Screenshot 47

Abb. 8-2 3DS MAX – Extrude 50

Abb. 8-3 3DS Max Animation, Screenshot 51

Abb. 8-4 Lightwave Animation, Screenshot 53

Abbildungsverzeichnis

Abb. 8-5: Lightwave Kameraeinstellungen. 54

Abb. 12-1 Berechnung der Scheinfensterweite, Quelle: [Kuhn 1999].......75

Abb. 12-2 Berechnung der Tiefenwiederabe, Quelle: [Kuhn 1999]..........77

Abb. 13-1 Screenshot moreVideo 82

Abb. 13-2 Sreenshot moreImage 84

Abb. 14-1 fotografisches Raumbild 88

Abb. 14-2 Raumbild aus Lightwave...88

Abb. 14-3 Raumbild aus Maya 88

Abb. 14-4 Raumbild aus 3DS Max 88

Tabellenvereichnis

Tab. 2-1 Einfluss des Abstands a eines Betrachters zur
Leinwand auf die plastische Wirkung 13

Tab. 3-1 Scheinfensterweite SW [m] bei Stereoaufnahmen 19

Tab. 3-2 Einfluss der Scheinfensterweite SW auf die
plastische Wirkung PW..20

Tab. 5-1 Nahpunktweite [m] bei Stereoaufnahmen 26

Tab. 7-1 Wellenlängen der Komplementärfarben 39

Mathematische Formeln

Die im folgenden beschriebenen Formel und Gleichungen sind ein Auszug aus dem Buch „Stereofotografie und Raumprojektion" von Gerhard Kuhn.[26] Sie wurden zum größten Teil daraus übernommen und sollen die Herleitung der in der Arbeit verwendeten, vereinfachten Formeln verdeutlichen. Die Formeln und Gleichungen beziehen sich auf die in der Arbeit behandelten Themengebiete *Scheinfensterweite*, *Reproduktion der Tiefe* und die *plastische Wirkung*

Folgende Beziehungen werden verwendet:

G	Gegenstandsgröße	T'	virtuelles Bild der Tiefe T
G'	Größe des Bildes G auf der Projektionsleinwand	s	Scheinfensterweite
		v	parallaktische Verschiebung
g	Gegenstandsentfernung (Aufnahmeentfernung)	V'	Bild der parallaktischen Verschiebung in der Projektion
B	Bildgröße von G auf dem Film	p	Vergrößerungsfaktor bei der Projektion
b	Bildweite (Abstand Kamera-Objekt)		
		k	Verkleinerungsfaktor bei der Projektion
S	Stereobasis		
f	Brennweite	a	Betrachterabstand
N	Nahpunkt	A	Augenabstand
n	Nahpunktweite	A'	wie das Auge die Tiefe sieht
W	Fernpunkt	γ	Sehwinkel für die Größe G
w	Fernpunktweite	α	Sehwinkel für die Tiefe T

---

26 vergl. [Kuhn 1999]

Mathematische Formeln

T Gegenstandstiefe

N' virtuelles Bild von N auf der Projektionsleinwand

W' virtuelles Bild von W

Berechnung der Scheinfensterweite

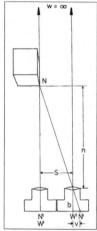

Abb. 12-1: Berechnung der Scheinfensterweite

Bei „normalen" Außenaufnahmen, bei denen der Fernpunkt im „Unendlichen" liegt, gilt folgende geometrische Beziehung:

$$\frac{v}{b} = \frac{S}{n}$$

Mit Hilfe der Linsenformel 1/f = 1/n + 1/b ersetzen wir die Bildweite b durch die Brennweite f der Linse und erhalten, n = s gesetzt:

$$(1) \quad v * \left(\frac{1}{f} - \frac{1}{s}\right) = \frac{S}{s}$$

oder

$$s = f * \left(\frac{S}{v} + 1\right)$$

oder

$$S = v * \left(\frac{s}{f} - 1\right)$$

Der Fehler durch weglassen der „1" liegt unter 2 %, daher ergibt sich vereinfacht:

$$(1a) \quad s = f * \left(\frac{S}{v}\right)$$

oder mit v = A/p (Augenabstand / Vergrößerung bei der Projektion)

$$s = \frac{S}{A} * f * p$$

Setzt man die parallaktische Verschiebung v mit 1 mm ein wird zwar die Scheinfensterweite um 25 % zu groß (unter Heimprojektionsbedingungen), aber die Bestimmung wird weiter vereinfacht

Mathematische Formeln

(1b) $\quad s = S * f$

Reproduktion der Tiefe

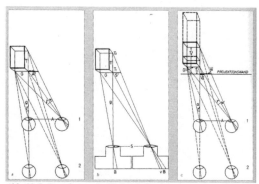

Abb. 12-2: Berechnung der Tiefenwiederabe
a) Betrachtung eines Quaders aus zwei Entfernungen
b) Aufnahme einer Quaders mit zwei Kameras
c) Reproduktion des Quaders im Raumbild

Der Quader wird so positioiert, dass sich das linke Auge in Verlängerung der Tiefe befindet (Abb 12-2-a). Das rechte Auge sieht dann die Tiefenausdehnung des Objekts. Der Sehwinkel unter dem das Auge die Größe G sieht, ist

(2) $\quad tg\,\gamma \approx \gamma = \dfrac{G}{g}$

Daraus resultiert, dass mit zunehmender Entfernung der Sehwinkel kleiner wird. Das Objekt wirkt also kleiner.

Der Winkel α, unter dem die Strecke A´ (wichtig für die Tiefenwirkung) erscheint, ist entsprechend

Mathematische Formeln

$$tg\,\alpha \approx \alpha = \frac{A'}{g}$$

Nach dem Strahlensatz gilt die einfache Beziehung

$$\frac{A'}{T} = \frac{A}{g} + T$$

Damit wird

(3) $$\alpha = \frac{(A * T)}{((g + T) * g)}$$

Aus den oben genannten Beziehungen folgt

(4) $$\frac{\alpha}{\gamma} = \frac{T}{G} * \frac{A}{(g + T)}$$

Während der Sehwinkel mit dem Quadrat der Entfernung abnimmt, sehen wir die Größe G und das Verhältnis T/G linear abnehmen.

Aufnahme

Nun bringen wir bei gleicher Szene ein Kamerapaar an die Stelle der Augen (Abb. 12-2-b). Zunächst berechnen wir die Größe des Bildes B auf dem Film und dann auf der Projektionsleinwand.

Die Verkleinerung bei der Aufnahme wird

Mathematische Formeln

$$k = \frac{B}{G} = \frac{b}{g}$$

mit

$$\frac{1}{b} = \frac{1}{f} - \frac{1}{g}$$

wird

(5) $$k = \frac{1}{\left(\frac{g}{f} - 1\right)}$$

Protektion

Mit dem Vergrößerungsfaktor p wird die Größe

$$\dot{G} = p * B = p * k * G = \frac{(p * G)}{\left(\frac{g}{f} - 1\right)}$$

und dem Abbildungsmaßstab

(6) $$\frac{\dot{G}}{G} = p * k = \frac{p}{\left(\frac{g}{f} - 1\right)} \approx \frac{(p * f)}{g}$$

Besonders interessiert aber die Übermittlung der Tiefes de Objekts (Abb. 12-2-c). Sie bildet sich auf dem Film als Bid v der Strecke S' ab, die bereits als parallaktische Verschiebung bekannt ist. Es gilt für die Abbildung auf dem Film bei der Aufnahme

$$\frac{v}{S} = \frac{b}{g} \quad \text{und} \quad \frac{\dot{S}}{S} = \frac{T}{(g+T)}$$

Es läßt sich für die Projektion – für den Fall, dass der Nahpunkt auf dem Scheinfenster liegt – folgende Formel festlegen

(7) $$\dot{T} = \frac{S}{A} * \frac{(p*f)}{g} * \frac{(a*T)}{g} * \frac{1}{(1 + \frac{T}{g} * (1 - \frac{(p*f)}{g} * \frac{S}{A}))}$$

Die Gleichung zeigt, wo der Punkt T' – das ferne Ende des Quaders – gesehen wird.

Plastische Wirkung

Aus Gl. (6) und Gl. (7) definieren wir als plastische Wirkung PW für die fotografische Reproduktion eines Gegenstands folgende Formel

(8) $$PW = \frac{s}{g} * \frac{a}{(p*f)} * * N(g)$$

wobei $$N(g) = \frac{1}{(1 + \frac{T}{g} * (1 - \frac{(p*f)}{g} * \frac{S}{A}))}$$

Betrachtet man die Normalaufnahme – für die $N(g)=1$ gilt – vereinfacht sich die Formel zu

$$PW = \frac{s}{g} * \frac{a}{(p * f)}$$

Weiterhin bedeutet Normalaufnahme, dass das Motiv beim Scheinfenster beginnt. Somit folgt aus $g = n = s$

$$(9) \quad PW = \frac{a}{(p * f)}$$

Im allgemeinen will man wissen, unter welchen Bedingungen eine natürliche Wiedergabe der Tiefe erreicht wird. In (9) wird PW = 1, wenn gilt

$$a = p * f$$

Benutzerhandbuch

Benutzerhandbuch

Die Software more3D-Stereo läuft nur in Verbindung mit einem Dongle. Dieser Dongle befindet sich aus Sicherheitsgründen im Gehäuse und das Kabel wurde nach außen gelegt. Daher ist vor dem Start der Software darauf zu achten, dass das USB-Kabel an einen der beiden USB-Ports angeschlossen ist.

Nach dem Systemstart wird more3D-Stereo automatisch geladen und ein Symbol im System Tray angezeigt. Ist die Software aktiv, so ist es „gelb". Im inaktiven Zustand erscheint es grau und die Software muß neu gestartet werden. Zum Testen kann ebenfalls über die rechte Maustaste der Punkt "Run Test" aufgerufen werden.

Nun können die Module moreVideo oder moreImage geladen und benutzt werden.

moreVideo

Bevor der Film abgespielt werden kann müssen einige Einstellungen vorgenommen werden. Diese gliedern sich in drei Hauptkatwgorieen: *Video Input Type*, *Sorce Files and Audio Selektion* und *Options*.

Abb. 12-1: Screenshot moreVideo

Video Input Type

Unter *Video Input Type* wird die Methode bzw. Technik der Ausgabe eingestellt. Im Fall des Projektorensystems der FH Fulda ist *Dual Channel* auszuwählen. Das rote und blaue Feld zeigen an, dass zwei Projektoren, die jeweils ein Video-Stream wiedergeben, genutzt werden.

Wie in „Kapitel 7. Die 3D Projektoren" beschrieben, ist moreVideo nicht auf diese Form der Projektion beschränkt. Vielmehr können fast alle in Kapitel 4. Betrachtung beschriebenen Techniken genutzt werden. So wird zur Wiedergabe von IMAX-Filmen *Field Interleaved, Right Line First, IMAX* ausgewählt. Hier wird nur ein Projektor benutzt, da sich die beiden Video-Streams in einer Datei befinden. Weiterhin ist die Präsentation mit Hilfe der KMQ-Methode möglich. Hierfür muss *Split Up/Down, Right/Left* oder *Split Up/Down, Left/Right* ausgewählt werden. Denn bei der KMQ-Methode sind die Halbbilder übereinander angeordnet.

Es versteht sich von selbst, dass für die genannten Techniken auch das entsprechende Projektionensystem genutzt werden muss.

Sorce Files and Audio Selektion

Im unteren Teil werden die Video-Streams für das rechte bzw. linke Auge angegeben. Optional kann eine dritte Audio-Datei ausgewählt werden. Befindet sich der Sound jedoch in einem der beiden Video-Streams so wird dies hier angegeben. Es empfiehlt sich alle Dateien lokal auf der Festplatte zu speichern. Befinden sie sich auf der CD oder werden über das Netzwerk geladen, kann es zu Störungen bei der Ausgabe kommen.

Options

Mit *Zero Plain* kann der seitliche Abstand zwischen den beiden Projektionen

Benutzerhandbuch

vergrößert oder verringert werden. Der optimale Abstand richtet sich nach der Entfernung des Betrachters zur Leinwand. Bei einer großen Entfernung muss auch der *Zero Plain* Wert erhöht werden

moreImage

Im Gegensatz zu moreVideo müssen bei moreImage Einstellungen vorgenommen werden. Es sind lediglich die Bild-Dateien, die wiedergegeben werden sollen anzugeben. Die Auswahl der Dateien erfolgt im unteren Teil des Fensters, dem *Explorer*. Hier werden nur JPS-Dateien angezeigt, da dies das einzige Format ist, welches zur Projektion genutzt wird. Durch Doppelklick auf die Datei wird sie in die *Playlist* auf der rechten Seite eingefügt. Auf der linken Seite wird eine Vorschau des Bildes angezeigt. Diese ist kein Raumbild, sondern lediglich eines der beiden Halbbilder. Es können so mehrere Bilder in die *Playlist* geladen werden.

Abb. 12-2: Screenshot moreImage

Zur Wiedergabe eines Bildes ist dies in der *Playist* zu markieren und über das blaue „Leinwand"-Symbol zu aktivieren. Weiterhin können alle Bilder in einer *Slideshow* dargestellt werden. Hierzu ist lediglich das „Play"-Symbol zu aktivieren.

Eidesstattliche Versicherung

Gemäß § 26 Abschnitt 2 der Prüfungsordnung vom 14. Januar 1998 des Fachbereichs Angewandte Informatik der Fachhochschule Fulda, versichere ich, die vorliegende Diplomarbeit selbständig verfasst und keine anderen als die angegebenen Quellen und Hilfsmittel verwendet zu haben. Die Arbeit hat in gleicher oder ähnlicher Form keiner anderen Prüfungsbehörde vorgelegen und wurde auch nicht veröffentlicht.

Oliver Röder

Stereobilder

Die im folgenden abgedruckten Bilder können mit Hilfe des Parallel- bzw. Kreuzblick betrachtet werden

Abb. 14-1: fotografisches Raumbild

Abb. 14-2: Raumbild aus Lightwave

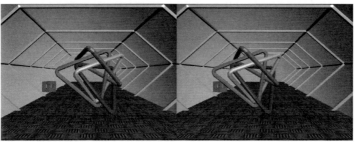

Abb. 14-3: Raumbild aus Maya

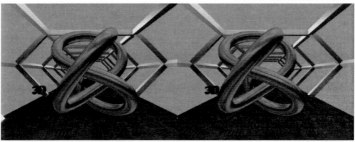

Abb. 14-4: Raumbild aus 3DS Max

Wissensquellen gewinnbringend nutzen

Qualität, Praxisrelevanz und Aktualität zeichnen unsere Studien aus. Wir bieten Ihnen im Auftrag unserer Autorinnen und Autoren Diplom-, Magister- und Staatsexamensarbeiten, Master- und Bachelorarbeiten, Dissertationen, Habilitationen und andere wissenschaftliche Studien und Forschungsarbeiten zum Kauf an. Die Studien wurden an Universitäten, Fachhochschulen, Akademien oder vergleichbaren Institutionen im In- und Ausland verfasst. Der Notendurchschnitt liegt bei 1,5.

Wettbewerbsvorteile verschaffen – Vergleichen Sie den Preis unserer Studien mit den Honoraren externer Berater. Um dieses Wissen selbst zusammenzutragen, müssten Sie viel Zeit und Geld aufbringen.

http://www.diplom.de bietet Ihnen unser vollständiges Lieferprogramm mit mehreren tausend Studien im Internet. Neben dem Online-Katalog und der Online-Suchmaschine für Ihre Recherche steht Ihnen auch eine Online-Bestellfunktion zur Verfügung. Eine inhaltliche Zusammenfassung und ein Inhaltsverzeichnis zu jeder Studie sind im Internet einsehbar.

Individueller Service – Für Fragen und Anregungen stehen wir Ihnen gerne zur Verfügung. Wir freuen uns auf eine gute Zusammenarbeit.

Ihr Team der Diplomarbeiten Agentur

Diplomica GmbH
Hermannstal 119k
22119 Hamburg

Fon: 040 / 655 99 20
Fax: 040 / 655 99 222

agentur@diplom.de
www.diplom.de